DIE GUTE IDEE

DIE GUTE IDEE

Erfindungen und Geschäftsideen entwickeln und zu Geld machen

Alexander Schug

Stiftung Warentest

Liebe Leser,

„Die gute Idee" – Erfindungen und Geschäftsideen entwickeln und zu Geld machen. Ein Buch unter diesem Titel zu schreiben, war notwendig. Es gibt viele Leute, die gute Ideen haben, etliche, die sogar wahnsinnig gute Ideen haben – aus denen aber nie etwas wird. Ideen verpuffen, kaum dass sie gedacht worden sind. Manchmal sind sie nur fixe Ideen, flüchtige Erscheinungen in den seltsamsten Lebenssituationen, dennoch könnte auch aus solchen Kopfgeburten ein interessantes Projekt werden.

Wir zeigen mit diesem Buch, was Erfinder, Tüftler und notorische Ideenmacher mit ihrem Gedankentum anstellen können. Es geht darum Ideen umzusetzen. Genau daran hapert es in vielen Fällen. Die Geschichte ist voll mit Anekdoten über Erfinder, die nur Spaß am Tüfteln hatten, sich aber nie über Schutzrechte informieren wollten. Dann gibt es Erfinder, die zwar weitgehend alles bedacht haben, Marken und Patente sogar anmelden – aber eben doch zu produktorientiert – und gar nicht marktorientiert denken.

Wir wollen mit diesem Buch einen klaren Weg aufzeigen: Wie alle, die gute Ideen haben, Schritt für Schritt herangeführt werden an die Verwertung ihrer Ideen. Denn nur eine verwertete Idee ist eine gute Idee.

Nach diesem Motto klären wir mit Ihnen, ob es überhaupt einen Markt für Ihre Idee gibt. Wir zeigen Ihnen, welche Schutzrechte Sie geltend machen können. Wir führen Sie zu den relevanten Verwertungsplattformen für Ihre Idee. Businessplanung, Netzwerken und Finanzierung gehören ebenfalls zum „Baukasten" dieses Handbuchs für Menschen mit Ideen. Ganz bewusst konzentrieren wir uns nicht auf eine bestimmte Branche. Es geht hier nicht nur um technische Erfindungen und Innovationen. Alle Schritte sind so angelegt, dass vom Autor oder ganz anderen Ideenproduzenten über den Produktdesigner mit seiner Schrankerfindung bis hin zum Tüftler mit seinem Raketenrucksack jeder die notwendigen Schritte zur Verwertung beschrieben findet.

Der Ratgeber bietet neben einfachen Handreichungen eine Menge weiterer Infos: Kurzinterviews mit ausgesuchten Experten, Literatur- und Surftipps, Vorlagen, Checklisten etc. Unser Motto heißt: Hands-on! Denken und machen Sie mit und nutzen Sie das Buch als Ihren persönlichen Fahrplan.

Übrigens: Aufgrund der besseren Lesbarkeit wird in den Texten der Einfachheit halber nur die männliche Form verwendet. Die weibliche Form ist selbstverständlich immer mit eingeschlossen.

INHALT

IDEEN, ERFINDUNGEN UND INNOVATIONEN

WAS SIE IN DIESEM KAPITEL ERWARTET…

Ideen, Erfindungen und Innovationen können zum einen ganz unterschiedliche Dinge sein, zum anderen fallen sie auch nicht vom Himmel. Ideen sind keine Einfälle von Genies – Ideen hat jede und jeder. Maßgeblich kommt es aber darauf an: Wie sehr sind Sie selbst in der Lage, Ihre Kreativität zu aktivieren und einzusetzen? Zudem ist entscheidend, wie Sie mit Rückschlägen und einem möglichen Scheitern umgehen. Und vor allem ist letztlich ausschlaggebend, wie Sie aus eigenen Fehlern lernen, um mit Ihren Ideen schließlich doch noch Erfolg zu haben.

Vor jeder Gründung eines innovativen Unternehmens beziehungsweise der erfolgreichen Einführung eines neuartigen Produkts steht eine Idee. In der Gründerliteratur und in vielen Unternehmensbiografien wird der Weg von dieser einen ersten sowie genialen Idee bis hin zum aufsteigenden und erfolgreichen Unternehmen idealisiert. Dieser Weg wird als geradlinig und vorhersehbar beschrieben. Frei nach dem Motto: Hat man eine grandiose Idee, ergibt sich der Rest schon ganz von allein. Umgekehrt hieße das: Wenn der Rubel nicht sofort rollt, dann war die Idee auch nicht gut. Erfolgversprechende Ideen und Erfindungen sind jedoch alles andere als Selbstläufer. Oder um es spitz zu formulieren: Aus der Idee, ein online-basiertes Jahrbuch für Kommilitonen zu entwickeln, entsteht nicht zwangsläufig ein milliardenschweres Unternehmen namens Facebook. Der Weg vom Geistesblitz zu Ruhm und Ehre ist steinig, unbequem und endet nicht selten in einer Sackgasse. Aber auch Sackgassen bieten den Vorteil umkehren zu können, sich zu orientieren und den richtigen Weg einzuschlagen.

Unternehmerische Erfolgsgeschichten sind keine Hexerei oder gar Zufall. Ebenso ist der gesamte Innovationsprozess – angefangen von der Ideengenerierung bis hin zur erfolgreichen Produktvermarktung – mitnichten gleich eine Blackbox. Auch wenn erfolgreiche Innovationen nicht immer planbar sind, so lassen sie sich zumindest positiv beeinflussen. Diese Faktoren wollen wir genauer beschreiben, damit Sie ein besseres Gefühl für Ihre Idee bekommen in Bezug auf Innovativität und Verwertbarkeit.

SIND ERFINDUNGEN IMMER INNOVATIV?

Jeder Erfinder und Tüftler sollte sich darüber im Klaren sein, dass zwischen einer Erfindung, also einer Invention (inventio = Einfall), und einer Innovation (innovare = Neuerung) ein bedeutender Unterschied besteht. Bei einer Erfindung handelt es sich um einen kreativen Schaffungsakt – sei es in Form eines Gegenstands oder einer immateriellen Leistung –, durch den ein bestehendes Problem gelöst wird. Wie und womit ein vorliegendes Problem gelöst wird, ist erst einmal nebensächlich – Hauptsache ist, es wird gelöst. Eine Erfindung muss also nicht zwangsweise neues Wissen generieren. Es ist ebenso möglich, dass bereits vorhandenes Wissen für die Lösung eines Problems auf eine neue Art und Weise angewandt wird. Erfindungen entstehen durch Fantasie und Kreativität, langes Grübeln und manchmal auch zielgerichtetes Suchen. In den meisten Fällen entstehen Ideen und Erfindungen jedoch spielerisch und spontan. Ob aber die Menschheit auf diese neue Problemlösung gewartet hat, oder ob sie von der Gesellschaft belächelt wird, ist nebensächlich. Ebenso ob die Erfindung nützlich ist oder nicht und ob sie im besten Falle den Erfinder oder die Erfinderin reich machen wird. Genau hier liegt der entscheidende Unterschied zur Innovation.

Eine Innovation ist im Gegensatz zu einer Erfindung die erstmalige wirtschaftliche Verwertung einer neuen Problemlösung.[1] Das bedeutet, dass zwar jede Innovation einer Invention zugrunde liegt. Nicht jede Invention ist aber automatisch eine Innovation. Zur Verdeutlichung folgendes Beispiel: Ende der 1940er-Jahre erfand ein Tüftler und scheinbar enthusiastischer Suppenliebhaber einen Löffel mit integrierter Suppenkühlung. Das Problem einer verbrannten Zunge war scheinbar ein für alle Mal gelöst. Da der Tüftler jedoch trotz aller Kreativität für sein Produkt keine Nachfrage generieren konnte, handelt es sich nicht um eine Innovation, sondern lediglich um eine unnütze Erfindung. Ein wichtiges Merkmal für eine Innovation ist also die ökonomische Verwertbarkeit.

Innovation ist nicht gleich Innovation – Erfindung nicht gleich Erfindung

Innovationen lassen sich bestimmten Kategorien zuordnen. Unterschieden wird dabei zum einen nach deren Anwendbarkeit:

So gibt es die technologischen Innovationen. Hierbei handelt es sich um Problemlösungen, die von Unternehmen genutzt werden, um einen Produktionsprozess zu optimieren – etwa um Produktionskosten zu senken. Ein Beispiel ist die Erfindung des Fließbands.

Darüber hinaus gibt es konsumorientierte Innovationen, also Erfindungen, die direkt beim Endkunden ankommen – zum Beispiel die Erfindung des Fernsehers.[2]

Aus der Tatsache, dass sich ausschließlich technische Erfindungen patentieren lassen, könnte man nun den Schluss ziehen, dass Innovationen stets technischer Natur sind. Dieses Innovationsverständnis greift jedoch viel zu kurz und würde die Arbeit vieler Tüftler kaum abbilden. So gibt es nicht nur die (technischen) Produkt- und Prozessinnovationen wie das Telefon, den MP3-Spieler und das Fließband. Es gibt ebenso Dienstleistungsinnovationen (zum Beispiel Onlineberatung), Sozialinnovationen (zum Beispiel das Elterngeld) und Managementinnovationen (zum Beispiel Outsourcing, Denken in Netzwerken). Eine genaue Trennlinie zwischen den Innovationsarten zu ziehen, ist nicht immer einfach oder sinnvoll. So kann beispielsweise die Innovation des Onlinebankings sowohl als Dienstleistungs- als auch als Prozessinnovation betrachtet werden.

Ein weiteres Unterscheidungsmerkmal ist die Wirkung der Innovationen. Die einen verändern das menschliche Zusammenleben in fundamentaler Art und Weise, andere werden hingegen gesellschaftlich kaum wahrgenommen. In der Innovationsforschung wird deshalb gerne von Verbesserungs- und Schlüsselinnovationen gesprochen, um die Qualität einer Innovation zu kennzeichnen. Während sich Erstere durch einen geringen Neuigkeitsgrad auszeichnen, handelt es sich bei Schlüsselinnovationen um bahnbrechende Erfindungen wie das Rad, das Schießpulver, das Automobil und der Computer. Ob es sich um Schlüssel-, Verbesserungs- oder vielleicht auch nur Scheininnovationen handelt, kann meist erst von folgenden Generationen beurteilt werden. Lassen sich Erfindungen nicht für kriegerische Zwecke nutzen oder missbrauchen, werden revolutionäre Innovationen zum Zeitpunkt ihrer Schaffung selten als solche wahrgenommen. Nicht einmal die Erfinder selbst sind sich über das Potenzial

John Walker (1781–1859)

John Walker war ein englischer Apotheker, der sich jedoch nicht nur mit Pillen, Salben und Hausmittelchen beschäftigte. Zufällig fand er in den 1820er-Jahren heraus, dass sich durch Reibung auf einer rauen Oberfläche eine Mischung aus Kaliumchlorat und Antimon(III)-sulfid entzündet. Das erste **Streichholz** war erfunden. Zwar verkaufte Walker die Streichhölzer, von einer Patentierung seiner Erfindung sah er jedoch ab. Wahrscheinlich war ihm die Bedeutung der Streichhölzer nicht bewusst. Die ersten Nachahmer ließen nicht lange auf sich warten. Ein gewisser Samuel Jones nutzte die Gunst der Stunde und ließ sich die Erfindung des Streichholzes 1828 patentieren.

ihrer Erfindung immer bewusst. Gottlieb Daimler, Erfinder des ersten Autos mit Verbrennungsmotor, sagte einst, dass „die weltweite Nachfrage nach Kraftfahrzeugen [nicht] eine Million überschreiten [wird] – allein schon aus Mangel an verfügbaren Chauffeuren." Dieses heute seltsam anmutende Zitat macht deutlich: Erfindungen werden stets von Unsicherheit begleitet und bewegen sich im sozialen Kontext einer Gesellschaft, deren Eigenart man gut analysieren und kennen muss, um eine Innovation überhaupt verorten zu können.

WIE ENTSTEHEN INNOVATIONEN?

„Alles, was erfunden werden kann, wurde bereits erfunden." Angeblich stammt diese Aussage von Charles Duell (1850–1920), einem amerikanischen Juristen und Patentkommissar. Unabhängig davon, ob der Satz tatsächlich auf Duell zurückgeht, ist die Aussage aus heutiger Sicht nicht nur amüsant, sondern wird, egal zu welcher Zeit, nie der Realität entsprechen. Die Menschheit hat Erfindungen und Innovationen seit der Urzeit kontinuierlich hervorgebracht und somit das gesellschaftliche Zusammenleben fundamental geprägt. Unsere Welt und ihr Überleben ist davon abhängig, wie wir das Zusammenleben gestalten – und auch wie innovativ die Erfinder in aller Welt und die Netzwerke, in denen sie größtenteils agieren, handeln. Nur: Wie entstehen überhaupt Innovationen? Hat sich das Erfindertum im Laufe der Jahrhunderte verändert und wieso treten Erfindungen in bestimmten Regionen der Welt häufiger auf als in anderen?

Die Anlässe für Innovation sind seit jeher die gleichen. Auf den Punkt gebracht sind zwei Faktoren von besonderer Bedeutung. Zum einen der sogenannte Market-Pull-Faktor zum anderen der Technology-Push-Faktor. Unter Ersterem versteht man, dass Neuerungen auf Druck des Kunden oder Marktes entstehen. Bei Letzterem entstehen Innovationen durch die Ausnutzung von neuen technologischen Möglichkeiten.[3] Wie schon bei der Unterscheidung der verschiedenen Innovationsarten zeigt sich auch hier, dass eine eindeutige Trennung zwischen den Faktoren Technologie und Markt kaum möglich ist. In der Regel entstehen Innovationen aus einer Kombination beider Faktoren. Dabei spielt es keine Rolle, ob es sich um Produktinnovationen, Prozessinnovationen oder Ähnliches handelt.

Eine der wichtigsten Erkenntnisse der Innovationsforschung in den letzten beiden Jahrzehnten war, dass die Entstehung von Neuerungen nicht als geradliniger, li-

INTERVIEW

Bedingungen für Innovationen – nachgehakt bei Martin Mahn

Martin Mahn ist Geschäftsführer der Humboldt-Innovation GmbH, der privatwirtschaftlich organisierten Wissens- und Technologie-Transfergesellschaft der Humboldt-Universität zu Berlin. Als 100%ige Tochtergesellschaft der Universität und anerkanntes Transfermodell ist sie seit 2005 Schnittstelle zwischen Wissenschaft und Wirtschaft und fördert deren nachhaltige Zusammenarbeit unter anderem durch Start-up-/Spin-off-Management, Auftragsforschung, Beratung und Hands-on Education.

? Echte Innovationen fallen nicht vom Himmel. Wann gedeihen Innovationen besonders gut?

„ Gute Ideen gibt es immer. Erfindungen auch. Aber ihr Potenzial muss erkannt und sie müssen umgesetzt werden. Denn erst durch ihre Umsetzung wird eine Invention auch zur Innovation. Die Rahmenbedingungen sind wesentlich – sie müssen diese Prozesse nachhaltig ermöglichen. Dazu gehört vor allem eine entsprechende Innovationskultur, die beispielsweise Freiräume zum Nachdenken, unorthodoxe Ansätze und auch mal Fehler oder gar ein Scheitern zulässt. Dies gilt übergreifend für alle Organisationen, egal ob privatwirtschaftlich oder öffentlich und auch für unsere Gesellschaft generell.

? Ist das Bild des einsamen Genies, das im stillen Kämmerlein seine Erfindungen macht, heute noch aktuell?

„ Das Genie gibt es sicher immer noch – die Frage nach der Einsamkeit ist aber sicher eine Frage der Vorliebe und des Blickwinkels. Der Software-Entwickler, der an seinem Laptop den neuesten Algorithmus programmiert, kann rein physisch allein in seinem Kämmerlein sitzen, vielleicht aber auch in einem der IT-Hotspot-Cafés oder Sushi-Bars. In jedem Fall ist er wohl weniger einsam als früher – da über Social Web und Cloud stets mit der Community verbunden.

? Wie können Innovationen systematisch befördert werden?

„ Zum Wesen von Innovationen gehört die Eigenschaft, sich nicht wirklich planen zu lassen. Für die Schaffung von Innovationen wie auch Start-ups gilt: Anfangen, umsetzen, machen. Nicht zu lange planen. Selbst der vermeintlich beste Plan wird in der Regel durch die Realität irgendwann zur Makulatur. Das ist nur eine Frage der Zeit. Was aber fördern kann, sind Instrumente, die dafür sorgen, dass Ideengeber, Erfinder, Promoter und Umsetzer unterschiedlichsten Backgrounds zusammenfinden sowie Anreizsysteme, die zum Neudenken motivieren und die Umsetzung, mithin die Schaffung von Innovationen belohnen.

nearer Prozess angesehen werden kann. Die Vorstellung, dass zunächst die Generierung einer Idee, dann die Herstellung eines Prototyps und anschließend die Vermarktung einer Erfindung zeitlich hintereinander in abgekoppelten Phasen vollzogen werden, entspricht nicht der Realität. Vielmehr muss man sich den Innovationsprozess als ein ständiges Vor und Zurück vorstellen. Die Daniel Düsentriebs dieser Welt scheinen da auch eher die Ausnahmen zu sein.

In den verschiedenen Phasen einer Innovation gibt es sowohl Lernprozesse innerhalb des Teams als auch Feedback-Runden von Kunden, Beratern, Freunden und manchmal auch Konkurrenten. So kann es passieren, dass eine Idee entwickelt, getestet und anschließend komplett umgeworfen wird. Oft ist es schon passiert, dass letztlich ein ganz anderes Produkt herauskommt als ursprünglich geplant. Cola war einst als Medizin entwickelt worden – heute ist es das erfolgreichste Erfrischungsgetränk der Welt. Ebenso wichtig ist die Erkenntnis, dass es keinerlei Garantie gibt, am Ende der Entwicklung überhaupt ein marktreifes Produkt im Ladenregal platzieren zu können. Dennoch gibt es ein paar Kriterien, die die Verwertung einer Erfindung beziehungsweise die Umsetzung einer Idee positiv beeinflussen können. So kommen Forscher der Universitäten Stanford und UC Berkeley in ihrem „Startup-Geome-Report" zu dem Schluss, dass innovative Ideen dann besonders wertvoll sind, wenn:

- sie in einem Team erarbeitet worden sind, dessen Mitglieder unterschiedliche Qualitäten und Stärken mit sich bringen (IT-Spezialisten, Marketing-Spezialisten, PR-Spezialisten etc.).
- das Team flexibel gegenüber der eigenen Idee ist und Mut zu Veränderungen hat.
- die Erfinder frühzeitig mit offenen Karten spielen und nicht zu lange warten, die Idee potenziellen Kunden vorzustellen. Die Kommunikation nach außen spielt deshalb eine große Rolle: Nur so können Erfinder flexibel und schnell auf Marktbedingungen und Kundenwünsche eingehen

ERFINDERTUM HEUTE UND GESTERN

Hat sich das Erfinden im Laufe der Jahrhunderte verändert? Prinzipiell nein. Auch früher war das Erfinden ein gezielter Arbeitsprozess und eine systematische Suche. Es gab ebenso viele Rückkopplungen und mitunter schmerzhafte Lernprozesse – bis hin zu Pleiten, Pech und Pannen. In einzelnen Punkten unterscheidet sich der Prozess des einstigen Erfindens dennoch gegenüber dem von heute: Während bis ins 19. Jahrhundert hinein zum Beispiel viele Erfindungen und Innovationen eher aus den praktischen Erfahrungen von Handwerkern und Ingenieuren heraus entstanden sind, werden in unserer Zeit viele Ideen systematisch und in professionellen Netzwerken generiert. Das zeigt schon allein die Tatsache, dass seit Jahrzehnten in vielen Ländern der Welt eine millionenschwere Innovationsförderung seitens der Politik, der Wissenschaft und der Wirtschaft betrieben wird. Das war, wie gesagt, nicht immer so. In der Vergangenheit tüftelten einzelne Köpfe wie der vielleicht größte Erfinder aller Zeiten, Leonardo da Vinci, in ihren privaten Denk- und Werkstätten. Im Vergleich zu heute gaben Regierungen eher selten, und wenn dann oft nur zu militärischen Zwecken innovative Entwicklungen in Auftrag. Erinnert sei zum Beispiel an die Initiative von Napoleon III., der seine Wissenschaftler dazu anhielt, ein Ersatzprodukt für Butter zu finden – eines, das länger haltbar war und das die Truppen bei ihren Feldzügen mit energiereicher Nahrung versorgen sollte.

Karl Freiherr von Drais (1785–1851)

Der Erfinder Karl Friedrich Christian Ludwig Freiherr Drais von Sauerbronn war in der glücklichen Lage, dass er zu seiner Schaffenszeit mit Großherzog Karl Friedrich einen Geldgeber hatte und somit finanziell unabhängig war. Seine Erfindungen, denen er sich somit ausgiebig widmen konnte, brachten ihm dennoch keine Anerkennung. Drais' wichtigste Erfindung, **das erste Fahrrad** – die sogenannte Draisine – konnte er trotz eines Patents nicht schützen. In dem Flickenteppich aus Kleinstaaten in Mitteleuropa tauchten überall Raubkopien auf. Obendrein verhöhnten viele Zeitgenossen Drais' Erfindungen als „mechanische Hirngespinste". Aufgrund seiner politischen Gesinnung – er war überzeugter Demokrat – wurde er verfolgt und entmündigt. Er starb als mitteloser Mann.

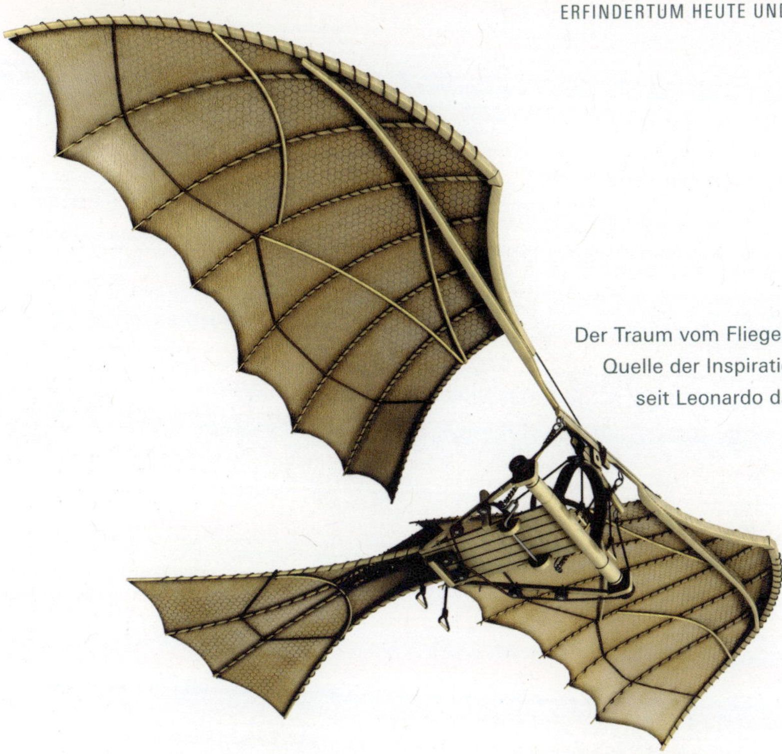

Der Traum vom Fliegen – eine starke Quelle der Inspiration für Erfinder seit Leonardo da Vincis Zeiten

Heraus kam dabei die Margarine, die der Chemiker Hippolyte Mège-Mouriés in seinem Labor entwickelte.

Dennoch: In technologischer Hinsicht ist der Innovationsprozess heute sehr viel spezialisierter als in der Vergangenheit. Technische Produkte – sei es in der Computer- oder Autoindustrie – sind in ihrer Funktionsweise derweil so ausgereift, dass Innovationen ausschließlich auf systematische Forschungs- und Entwicklungsarbeit zurückzuführen sind. Das bedeutet im Umkehrschluss jedoch nicht, dass Innovationen heute ausschließlich von Großunternehmen angestoßen werden. Im Gegenteil: Insbesondere bei der Generierung technologischer Inventionen nehmen kleine und mittlere Unternehmen eine besonders wichtige Rolle innerhalb des Innovationsprozesses ein. Bei den kleinen Unternehmen handelt es sich in vielen Fällen um sogenannte Spin-offs, also Ausgründungen aus großen Unternehmen oder Universitäten. Diese kleinen Unternehmen besitzen nicht nur das nötige technische Know-how, sondern können aufgrund ihrer Größe flexibel auf technologische und marktrelevante Veränderungen reagieren.

Anpassungen, Vermarktung und Vertrieb neuartiger Innovationen finden dann häufig in Großunternehmen statt, da diese über das notwendige Kapital sowie effektive Vermarktungsstrukturen verfügen. Das Deutsche Patent- und Markenamt registrierte im Jahr 2013 allein hierzulande mehr als 18 000 Patentanmeldungen von Unternehmen wie der Robert Bosch GmbH, der Schaeffler Technologies AG & Co. KG, der Daimler AG und der Siemens AG.[5] Dennoch bleibt viel Platz für einzelne Tüftler oder kleine Start-ups, die meist intelligente Erfindungen für den Endkundenmarkt bereitstellen.

BALLUNGSZENTREN DER INNOVATION

Innovationsforscher haben längst herausgefunden, dass Erfindungen und Innovationen nicht zufällig an einem bestimmten Ort auftreten. Häufig bedarf es eines kreativen Umfelds, um Erfindungen und Ideen zu generieren und zu entwickeln. Einer der kreativsten Orte der Welt im Bereich der Computer- und Halbleiterindustrie ist seit Jahrzehnten das Silicon Valley in Kalifornien. Es ist kein Zufall, dass gerade hier Apple, Facebook und Google ihren Hauptsitz haben. Erfindungen und Ideen treffen im Silicon Valley auf besonders fruchtbaren Boden. Nicht nur befinden sich hier Investoren mit genügend Risikokapital, zwei Eliteuniversitäten und potenzielle Arbeitgeber. Im Silicon Valley herrscht darüber hinaus ein extrem günstiges Innovationsklima, das sich durch eine tolerante und offene Unternehmenskultur auszeichnet. Hinzu kommen die räumliche Nähe und die daraus folgende hohe Kommunikationsdichte sowie eine Vielzahl an sogenannten Innovationsagenturen (zum Beispiel Gründungszentren), die dort ihren Hauptsitz haben. Nichts ist jedoch für die Ewigkeit.

Auch die Region Liverpool-Manchester und das Ruhrgebiet waren während der ersten industriellen Revolution Hochburgen für Erfindungen und Innovationen. Man muss schon am richtigen Ort zur richtigen Zeit sein, damit eine Erfindung erfolgreich sein kann. Wenn man statt im Silicon Valley im Sudan wohnt und eine Erfindung im „Hightech-Bereich" vermarkten will, ist die Wahrscheinlichkeit hoch, dass das nicht gelingen wird.

Also: Immer ist eine erfolgreiche Markteinführung abhängig von wirtschaftlichen, politischen, kulturellen und gesellschaftlichen Rahmenbedingungen, die sich sowohl in der Zeit als auch im Raum niederschlagen.

DIE GRÖSSTE KONSTANTE BEIM ERFINDEN IST DAS SCHEITERN

Unabhängig davon, wann, wo und wie über den Verlauf der Zeit Menschen und Unternehmen an Erfindungen und Innovationen tüftelten – eine Konstante gab und gibt es seit jeher: das Scheitern. Und Beispiele dafür gibt es sogar mehr, als man glaubt. Untersuchungen aus den 1960er-Jahren ergaben zum Beispiel, dass in großen Unternehmen 85 Prozent der gesamten Entwicklungszeit in Forschungs- und Entwicklungsabteilungen für Produkte aufgebracht wurden, die niemals auf den Markt kamen.[6] Auch heute werden unzählige Gelder aus Forschungstöpfen und Gründerfonds in innovative Unternehmen gesteckt, ohne dass am Ende etwas Zählbares herauskommt. Dabei ist Scheitern keinesfalls immer mit einer Niederlage gleichzusetzen. Fast alle großen Tüftler mussten in ihrer Erfinderkarriere eine Vielzahl an Enttäuschungen hinnehmen, bevor ihnen der große Wurf gelang. Insofern kann das Scheitern – positiv ausgedrückt – auch als eine besondere Form des Lernens angesehen werden. Viele Erfindungen haben es überhaupt erst durch die heuristische Versuch-und-Irrtum-Methode (engl. trial and error) zur Marktreife gebracht. Scheitern ist also ein relativer Begriff. Inwiefern die Erfinder selbst tatsächlich jedoch von ihren Erfindungen profitieren, steht auf einem ganz anderen Blatt. Nicht selten passiert es – das lehrt uns die Technikgeschichte –, dass andere den Erfolg für eine Erfindung für sich beanspruchen können. Gleichzeitig hat das Scheitern immer auch eine zeitliche und räumliche Komponente. Ob sich eine Erfindung durchsetzt oder nicht, hat, wie bereits erwähnt, auch etwas mit den gegebenen Rahmenbedingungen zu tun. Häufig ist es schon passiert, dass die Gesellschaft noch nicht reif für eine bestimmte Erfindung war. Unter diesen Gesichtspunkten ist die Liste der gescheiterten Erfinder lang.

Rechenmaschine von Charles Babbage

SETZT DAS BESSERE SICH IMMER DURCH?

Zum Scheitern gehört auch, dass sich unter bestimmten Bedingungen sogar schlechtere Problemlösungen gegenüber den wirklichen Innovationen durchsetzen. Dies musste schon Apple – das Musterbeispiel eines innovativen Unternehmens – erfahren. 1980 versuchte das kalifornische Unternehmen, seine Computer mit der sogenannten DSK-Tastatur, dem Dvorak Simplified Keyboard auszustatten. Dabei handelte es sich, im Gegensatz zum damals wie heute weitverbreiteten QWERTZ-Keyboard, um eine Tastatur mit einer vollkommen anderen Tastenanordnung als bei den klassischen Schreibmaschinen. Eine Kommission um August Dvorak und William Dealey entwickelte sie im Jahr 1932 unter Berücksichtigung von Faktoren wie bequemere Ergonomie, schnellere Erlernbarkeit und sinnvolle Buchstabenkombinationen. Untersuchungen hatten letztlich sogar ergeben, dass mit der DSK-Tastatur die Schreibgeschwindigkeit am Computer um 20 Prozent gesteigert werden konnte. Dennoch setzte sich die bedienungsfreundlichere Tastatur nicht durch. Der Grund dafür lag darin, dass das QWERTZ-Keyboard in den USA wie auch in Europa bereits zum Standard geworden war – eine Überlegenheit, die weit über die einfache Ausstattung von Computern hinausging. Die Ausbildungskosten für die Umstellung auf eine neue Tastatur wären für Unternehmen, Schulen und andere Organisationen einfach zu groß gewesen. Doch was wäre geschehen, hätte sich mit der DSK-Tastatur die unbestritten bessere Problemlösung durchgesetzt? Könnten dadurch noch mehr Menschen noch mehr schreiben? Und was würde das im Zeitalter des Internets ändern? Vielleicht und wahrscheinlich wohl gar nichts – darüber lässt sich nur spekulieren.

Ein weiteres prominentes Beispiel für eine gescheiterte Version der besseren Erfindung sind die Videocassetten-Formate Betamax (Sony) und Video 2000 (Grundig und Philips) – Magnetbandsysteme zur Aufzeichnung und Wiedergabe von analogen Film- und Audiosignalen aus den 1970er-Jahren. Im Formatkrieg gegen die VHS (JVC) konnten sich die technisch überlegenen Systeme auf dem Markt nicht durchsetzen – obwohl sie eine bessere Bildqualität boten.

VORAUSSETZUNGEN FÜR KREATIVES ARBEITEN

Steigen wir hinab in den Mikrokosmos der Denker und Erfinder, der Innovatoren und kreativen Netzwerke. Selbst wenn sie zur richtigen Zeit an den richtigen Orten arbeiten, sind diese Makro-Parameter noch lange keine Voraussetzung für das Gedeihen ihrer Ideen und Innovationen. Diverse Untersuchungen haben herausgefunden, dass im unmittelbaren Umfeld von Erfindern bestimmte Voraussetzungen gegeben sein müssen.

Es ist ein bekanntes Alltagsphänomen: Routine und feste Angewohnheiten führen oft dazu, Dinge immer wieder nur aus einem bestimmten Betrachtungswinkel zu sehen. Dabei beruht das Innovationspotenzial vieler Ideen gerade auf dem Verlassen ausgetretener Wege und einer ganz bestimmten Verhaltensweise, die von der Norm oftmals abweicht.

Grundsätzlich gilt: Innovativität beruht auf Kreativität. Die Wissenschaft beschäftigt sich schon seit langem mit der Frage nach den Bedingungen für kreatives Denkvermögen. Zwar sind diesbezüglich noch immer viele Fragen unbeantwortet, aber es gibt doch einige Eigenschaften und Voraussetzungen, die kreative Köpfe vom großen Rest unterscheiden. Dazu zählt etwa die Fähigkeit, Dinge besonders durchdringend beobachten zu können: Aus der Wahrnehmung von Funktionsweisen und Prozessen können sich bei ihnen oftmals eigene Ideen für Verbesserungen und Anpassungen ergeben. Das dahinter stehende Prinzip basiert auf der Fähigkeit, Punkte miteinander zu verbinden. Das heißt nichts anderes, als dass sie Verbindungslinien wahrnehmen, die andere nicht sehen. Gerade in letzter Zeit sind durch die Etablierung von Apps für Smartphones viele schlaue Programme entwickelt worden, die auf der simplen Idee beruhen, die Fähigkeiten des Geräts im Alltag einzusetzen und somit Zeit und vor allem Geld zu sparen.

Kreativität ist an keine Tageszeit gebunden. Viele Kreative arbeiten etwa nachts, weil sie dann ihre effektivsten und produktivsten Phasen haben. Ein Bestandteil dieser Phasen kann auch die bewusste Abkopplung von äußeren Einflüssen sein. So kann der Entstehungsprozess von innovativen Ideen etwa durch Einsamkeit und einen inneren Monolog begünstigt werden. Die Abkopplung von äußeren Einflüssen kann Ihnen ein fruchtbares Zeitfeld für die Reflexionen Ihrer eigenen Beobachtungen eröffnen.

Eine wichtige Voraussetzung für das Ausschöpfen innovativen Potenzials ist definitiv die Fähigkeit des Perspektivwechsels. Wie können Dinge und Funktionsweisen betrachtet werden? Welche Blickwinkel bieten sich darüber hinaus? Wo liegen Vor- und Nachteile der unterschiedlichen Annäherungsweisen? Oft führen eigene Lebensumstände zu solchen Perspektivwechseln – etwa könnten Kreative gerade eine Lebenskrise durchmachen oder ganz bewusst neue Erfahrungen erleben. Ja, gerade so lässt sich die vielleicht wichtigste Voraussetzung für Kreativität positiv beeinflussen: Neue Erfahrungen zu sammeln und aus antrainierten Mustern auszubrechen, bietet oft den Nährboden für geistige Eruptionen.

UNSER TIPP:
Ändern Sie Ihre Perspektive. Stellen Sie die Dinge auf den Kopf; machen Sie einen sprichwörtlichen Kopfstand; verlassen Sie die gewohnten Bahnen Ihres Denkens. Beobachten Sie sich selbst und Ihre gewohnten Handlungen; machen Sie die Dinge bewusst einmal anders – egal, was daraus zunächst resultiert.

Das bewusste Herbeiführen solcher Zustände beinhaltet natürlich auch Risiken. Diese sind allerdings immer Bestandteil von kreativem Arbeiten. Was heißt das konkret? Im schlimmsten Fall verschwenden Sie für Ihre Innovationen jede Menge Zeit und schaden Ihrem Ruf, wenn Sie damit scheitern. Der Schritt zur Umsetzung Ihrer Idee ist natürlich immer mit dem Risiko eines Scheiterns verbunden. Versagen gehört zur Innovation dazu, oder wie der bekannte Innovations- und Technologiejournalist Steven Kotler in seinem Blog sagt: „Creatives fail and the really good ones fail often." („Kreative scheitern und die wirklich guten scheitern oft.") Letztlich basieren die Entwicklung und Ausformulierung von Ideen sogar auf dem Prinzip von Versuch und Irrtum. Dabei gilt es, Rückschläge nicht persönlich zu nehmen, sondern diese als integralen Bestandteil des Innovationsprozesses zu sehen – solange Sie weiterhin an Ihre Idee glauben und damit Ihrer Leidenschaft folgen. Denn Kreative unterscheiden sich von Angestellten besonders dadurch, dass ihre Motivation aus einem inneren Wunsch zum Handeln entspringt und nicht durch Anerkennung eines Vorgesetzten. Betrachten Sie das Folgen Ihrer Idee also als Ausdruck Ihrer wahren Leidenschaft. Denn ohne Leidenschaft wird es gerade dann schwierig, wenn Probleme auftauchen oder große Herausforderungen anstehen.

Noch systematischer untersucht übrigens der Global Innovation Index das System der Kreativität. Der Index wird von der Cornell University, der Beratungsfirma Booz & Company und anderen anhand von über 80 Kriterien erstellt, an denen die Rahmenbedingungen für Innovationen gemessen werden. Der Index bewertet auch das Bildungssystem, bürokratische Hürden, Patente anzumelden und den Zugang zu Förder- und Investorengeldern (siehe: www.globalinnovationindex.org). Regelmäßig führt übrigens die Schweiz diesen Index an. Deutschland liegt eher im Mittelfeld, Österreich knapp dahinter.

Dass Ideen und Innovationen ein bestimmtes Klima und gute Rahmenbedingungen brauchen, hat sich auch die EU seit Jahren auf die Fahnen geschrieben. Jährlich werden im Leistungsanzeiger der Innovationsunion die Voraussetzungen für Innovationen in den EU-Ländern gemessen (siehe: www.eubuero.de/era-monitoring.htm). Die Indikatoren sind unter anderem eine möglichst hohe Bildung, viel Fördergeld, wagemutige Investoren, geringe bürokratische Hürden und ein ausgeprägtes Unternehmertum.

Interessant ist, dass all diese Annahmen, seien sie auch wissenschaftlich belegt, nicht berücksichtigen, dass es immer wieder auch Ausreißer gibt: Solche zurückgezogenen Tüftler ohne Hochschulausbildung vernetzen sich nicht und beantragen auch keine Fördergelder. Kurzum: Sie ziehen ihr eigenes Ding durch. Der Deutsche Erfinder-Verband schätzt diese Zahl auf einige tausend Menschen in Deutschland, Österreich und der Schweiz. Der Vorsitzende des Verbands weiß, dass sich seine Mitglieder kaum in die Muster von Innovationsrankings einpassen. Der Markt der kleinen Erfinder ist zum Teil stark von Individualisten geprägt. Gerade dieses Abseitsstehen, die andere Perspektive solcher Leute, scheint ein starker Aspekt ihrer Innovationskraft zu sein. Ihre Kreativitätstechniken sind derweil stark unterschiedlich: Manche müssen Musik hören, andere treiben Sport, wieder andere müssen bestimmte Dinge essen oder trinken. Sprich: Kreativität ist – so sehr man auch nach verallgemeinerbaren Faktoren sucht – immer auch ein sehr individueller Prozess.

TO DO: WIE SIE IHRE KREATIVITÄT TRAINIEREN

Zunächst einmal: Beobachten Sie sich selbst. Wann sind Sie guter Stimmung; wann kommen Sie zum Arbeiten und Nachdenken; wann in diesen Rausch, in dem gute Ideen und Erfindungen entstehen? Notieren Sie diese Zeiten, Anlässe, Stimuli; werten Sie die Notizen aus; fassen Sie die Infos zusammen und erstellen Sie somit Ihr persönliches Kreativitätsprofil. Seiner eigenen Kreativität auf die Spur zu kommen und sie gezielt einzusetzen, hat erst einmal etwas mit Achtsamkeit gegenüber sich selbst zu tun. Vielleicht stellen Sie dann aber auch fest, dass Sie zu wenig inspiriert sind und Ihnen der letzte Impuls fehlt, großartige kreative Ideen zu denken.

Letztlich sind die genannten Voraussetzungen und Parameter keine Selbstläufer für Kreativität, sondern bestenfalls Starthilfen. Schöpferisch zu arbeiten kann auch auf anderen Wegen erfolgen. Allerdings kann es keinesfalls schaden, wenn Sie sich selbst immer wieder auf die Probe stellen und hinterfragen, ob Sie Ihrer Kreativität die größtmöglichen Entfaltungsmöglichkeiten bieten (können).

INTERVIEW **Kreativ sein – nachgehakt bei … Benno van Aerssen**

Benno van Aerssen ist Trainer für Ideenfindung, Innovationscoaching und Innovationsmanagement. Er ist bekennender Querdenker mit Leidenschaft und Empathie (www.ideenfindung.de).

? Was sind die besten Voraussetzungen für kreatives Arbeiten?

“ Das fängt eigentlich ganz einfach bei genügend „Zeit“ und „Raum“ an. Nur wenn auch Zeit zur Verfügung steht und ein Raum, der am besten inspirierend wirkt, kann die Kreativität starten und sich entwickeln. Des Weiteren sollte man in der richtigen Stimmung sein und zwar genau zwischen Spannung und Entspannung. Die richtige Stimmung kann man leicht daran erkennen, dass man schmunzeln kann und gute Laune hat – also direkt nach einem sehr stressigen Meeting wird's meistens nix mit neuen Ideen. Will man im Team kreativ arbeiten, dann sollte Vertrauen vorherrschen und Hierarchien, Befangenheit oder Wettbewerb dürfen kein Thema sein.

? Welche spezifischen Eigenschaften müssen Erfinder und Innovatoren trainieren?

“ Zunächst sollte man immer die Ideenfindung von der Ideenbewertung trennen können. Für einen Innovator sollte nämlich zu jeder Zeit alles möglich sein. Des Weiteren kann man sich aktiv von etablierten Erfahrungen, Gewohnheiten und Denkmustern lösen. Auch das Training der Sinne und der Wahrnehmung fördert konkret die „Kreative Intelligenz“. Last but not least sollte man immer die Präsentation seiner Ideen weiterentwickeln und trainieren. Viele Erfinder bekommen die „Erfolgs-PS" einfach deshalb nicht auf die Straße, weil sie ihre Ideen viel zu nachlässig und schlecht anderen Menschen präsentieren.

? Was sind Ihre Top 3 Kreativitätstechniken?

„ Da gibt es tatsächlich drei, und an erster Stelle steht da Edward de Bono mit seinem Querdenken, gefolgt von dem Brainwriting-Pool und der Reizbildtechnik. Wobei das Querdenken à la Edward de Bono schon ein Fundus von mehreren coolen Techniken ist. Der Brainwriting-Pool punktet damit, dass er sofort auch von jedem ungeübten Team ausgeübt werden kann. Die Reizbildtechnik macht einfach großen Spaß und bringt die Menschen mit Bildreizen zu neuen Gedanken und Ideen. Zu allen Techniken gibt es konkrete Infos und Anleitungen auf meiner Webseite.

BESTANDSAUFNAHME **Ideen aus dem Kopf kriegen**

Sie sind kreativ und haben Ideen. Vielleicht sollten Sie einen Schritt weitergehen und Ihre Ideen aus dem Kopf holen. Prüfen Sie sich selbst:

- ☐ Jeden Tag fallen Ihnen Dinge auf, die man besser machen könnte?
- ☐ Ihnen macht es Spaß darüber nachzudenken, welche Methode zum Eiköpfen am besten ist?
- ☐ Sie nehmen die Welt nicht als gegeben wahr, sondern grübeln darüber, wie die Dinge funktionieren und wieso man darauf gekommen ist?
- ☐ Sie haben einen Hang zum analytischen Denken?
- ☐ Sie tüfteln gerne?
- ☐ Sie haben eine konkrete Idee für eine Dienstleistung oder ein Produkt und wollten das schon immer umsetzen?

Wenn Sie bei der Bearbeitung der Bestandsaufnahme das Gefühl haben, dass Sie sich hier wiederfinden, sind Sie richtig. Sie haben gute Voraussetzungen, um die nächsten Schritte zu gehen und systematisch Ihre Idee zu realisieren. Genau darauf kommt es an: Keine fixen Ideen zu haben, sondern analytisch und strategisch, mit viel Lust und Freude, Ideen in die Welt zu bringen.

GIBT ES EINEN MARKT FÜR IHRE IDEE?

WAS SIE IN DIESEM KAPITEL ERWARTET...

Wir wollen Sie für einen Grundsatz sensibilisieren: Ob eine Idee, eine Erfindung oder eine Innovation wirklich erfolgreich ist, zeigt sich erst, wenn sie sich am Markt durchsetzt. Der Markt ist die alles entscheidende Instanz, an der niemand vorbei kommt. Doch was ist eigentlich der Markt? Wie können Sie die Marktchancen für Ihre eigenen Vorhaben identifizieren?

Wenn der Anspruch an eine Geschäftsidee darin besteht, Geld zu verdienen, muss sich diese Idee auf dem Markt beweisen. Letztlich ist „der Markt" die maßgebliche Instanz, die über Erfolg und Misserfolg einer Neuerung entscheidet. Der Markt führt Angebot und Nachfrage zusammen. Bildlich kann man ihn sich tatsächlich wie einen öffentlichen Platz vorstellen: Sie gehen dorthin, bauen Ihren Stand auf und bieten Ihr Produkt an. Wenn sich Menschentrauben um Ihren Stand bilden und die Leute sich um Ihr Produkt reißen, treffen Angebot und Nachfrage aufeinander. Wenn alle an Ihnen vorbeigehen und kein Mensch zugreift, wird umgekehrt deutlich: Ihr Angebot trifft nicht die Nachfrage.

Die Wirtschaftswissenschaften, die sich mit den Funktionsmechanismen des Marktes beschäftigen, beschreiben diese Mechanik noch viel genauer und theoretischer:

Aus wirtschaftswissenschaftlicher Sicht ist der Markt nämlich ein abstrakter Platz, auf dem schlicht ein Leistungsaustausch stattfindet. Leistungsaustausch heißt: Für den Erhalt einer Dienstleistung oder einer Ware wird ein Gegenwert aufgebracht. Üblicherweise handelt es sich dabei um Geld. Der Preis einer Leistung richtet sich letztlich nach dem Prinzip von Angebot und Nachfrage. Ein knappes Angebot und eine große Nachfrage führen zu einem Anstieg des Preises, ebenso wie das Gegenteil zu einem Verfall führt. Konkret zu beobachten ist das bei sehr limitierten Stückzahlen und einer zahlungskräftigen Kundschaft. Denken Sie beispielsweise an das iPhone von Apple, die Playstation von Sony, das FuelBand von Nike oder andere teure Luxuswaren, die kurz nach ihrer Markteinführung vergriffen waren. Knappheit kann – im Zusammenspiel mit anderen Faktoren – ein Produkt begehrlich und teurer machen. Anders herum führt eine wachsende Zahl von Anbietern bei gleichbleibenden Kundenstämmen zu einem Preisverfall, wie dies in den letzten Jahren etwa bei der Preisentwicklung von Fernsehern oder Flügen von Billig-Airlines in Europa zu beobachten war.[7] Grundsätzlich gilt immer: Je umkämpfter der Markt, desto geringer sind die Gewinnmargen und desto schwieriger ist die erfolgreiche Platzierung eines neuen Produkts.

MARKT UND ZIELGRUPPEN FÜR IHRE IDEE

Auch wenn es sich bei dem Begriff Markt um eine Abstraktion handelt, sind die Anbieter auf diesem Markt am Ende doch sehr konkret und menschlich. Gerade die Ansprache der passenden Zielgruppe ist entscheidend für das Gelingen der eigenen Idee. Sie festzulegen sollte allerdings nicht aufgrund der Definition des Begriffs am Reißbrett erfolgen. Welche Zielgruppe Sie mit einer Idee ansprechen, ist eine große Forschungsaufgabe.

Daraus ergibt sich zunächst einmal die Frage: Wer könnte an Ihrem Produkt Interesse haben? Dabei sind nicht nur Alter, Einkommen oder der Wohnort, sondern ebenso die Bedürfnisse oder Wünsche der Zielgruppe ausschlaggebend.

Die Zielgruppe ist die wichtigste Basis für die angestrebte Marktsegmentierung. Die Definition des Zielmarkts erfolgt über dessen sogenannte Segmentierung nach geografischen, soziodemografischen, psychografischen und verhaltensorientierten Kriterien. Leitende Frage ist immer: Wer braucht oder wünscht sich eine bestimmte Erfindung?

Diese Leitfrage darf nicht aus dem Bauch heraus beantwortet werden. Vielmehr geht es darum, Zahlen und Fakten und konkrete Beschreibungen über Bedürfnisse, Kauf- und Nutzungsverhalten einer Zielgruppe systematisch zusammenzutragen und mit kühlem Blick zu analysieren.

CHECK: DIE ZIELGRUPPE BESTIMMEN

Versuchen Sie, aus allen Ihnen zugänglichen Informationen herauszufiltern:

- Wie stellen Sie sich die Zielgruppe in Bezug auf Geschlecht, Alter, Wohnort, Beruf und Familienstand vor?
- Welche Bedürfnisse hat Ihre Zielgruppe; welchem Lebensstil beziehungsweise welchen Verhaltensmustern folgt sie?
- Wie groß ist Ihre Zielgruppe?
- Welche finanziellen Ressourcen besitzt Ihre Zielgruppe und welche Preissensitivität weist sie aus, das heißt was ist Ihre Zielgruppe bereit, für bestimmte Dinge zu zahlen?

Zur systematischen Erforschung des Marktes

Sie wissen nun, wie sich der Markt verhält und wie man eine ungefähre Zielgruppenanalyse vornimmt. Der nächste Schritt lautet: Nehmen Sie eine systematische Erforschung der Marktsituation vor. Diese Analyse fußt auf fünf wesentlichen Schritten, mit deren Hilfe aus den abstrakten Konstrukten Markt und Zielgruppe ein klar umrissenes Feld für die eigenen Ideen und deren Potenzial wird:

- Die Analyse von bereits erfolgten Studien, Umfragen oder Statistiken. Recherchieren Sie im Internet und in Bibliothekskatalogen: Gucken Sie, wer zu Ihren Produkten oder Zielgruppen bereits Studien veröffentlicht hat. Gerade auf den Webseiten der Demoskopie-Institute wird man oft fündig.
- Die Antizipation von Markttrends. Versuchen Sie zu überlegen, wo zukünftige Trends liegen. Wenn sich Veränderungen in der Gesellschaft vollziehen, heißt das auch immer, dass sich neue Märkte auftun – dort kann Ihre Idee ein Erfolg werden.
- Die Beschäftigung mit der möglichen Konkurrenz und deren Produkten. Recherchieren Sie genau, wer etwas Ähnliches wie Sie macht. Listen Sie diese Marktteilnehmer auf. Erfassen Sie Vor- und Nachteile der Wettbewerber und ihrer Produkte.
- Der Kontakt zu (unabhängigen) Branchenexperten und der Besuch von Messen, Ausstellungen, Veranstaltungen etc., die Bezug zum zukünftigen Markt haben. Gehen Sie auf Tuchfühlung mit Ihrem Markt und den Zielgruppen. Der Besuch einer Messe kann manchmal ganze Welten öffnen. Dort treffen Sie nützliche Dienstleister, können Ihr Netzwerk ausweiten oder stellen vielleicht am Ende fest: Das, was Sie machen wollten, ist schon x-mal auf dem Markt vertreten; zwanzig andere Wettbewerber haben es bereits vor Ihnen erfunden. Auch diese Feststellung sollte für Sie zu jedem Zeitpunkt akzeptabel sein. Sie zu ignorieren ist wenig produktiv und nicht erfolgversprechend.
- Das Anfertigen einer eigenen Umfrage mit den wichtigsten Fragen und der Überprüfung eines möglichen Kundenpools. Wenn es keine ausreichenden Informationen zu Ihren Fragen gibt, müssen Sie selbst aktiv werden und eigene Umfragen initiieren.

Den Markt quantitativ analysieren

Zunächst einmal ist es wichtig, Ihren potenziellen Markt verlässlich einschätzen zu können. Bauchgefühl und die Einschätzung enger Freunde sind ja schön und gut. Aber neben subjektiven Meinungen spielen verlässliche Zahlen und Fakten über den Markt die wichtigste Rolle. Es gibt eine Fülle von Marktdaten im Internet und in gedruckten Studien, die Sie intelligent miteinander kombinieren müssen, um Aussagen über das Potential Ihrer Idee machen zu können.

Merke: Generell bieten Studien oder Statistiken einen Blick in die Vergangenheit, da sie das abbilden, was gewesen ist. Daher ist es nicht nur wichtig, auf möglichst aktuelle Zahlen zurückzugreifen, sondern auch so gut es geht, mögliche Trends im Markt zu erkennen beziehungsweise voraus zu ahnen.

WO FINDE ICH STATISTISCHES MATERIAL ZU MEINEM MARKT?

- www.destatis.de: Statistisches Bundesamt, führender Anbieter amtlicher statistischer Informationen
- http://epp.eurostat.ec.europa.eu: Europäisches Statistikamt
- www.statista.de: privates Statistikunternehmen mit umfangreichen Quellen und Studienmaterial, zum Teil gebührenpflichtig
- Jede Branche verfügt über eigene Verbände, die in der Regel sehr spezifische Statistiken zu ihren Märkten bereithalten.
- Es gibt zahlreiche Wirtschaftsforschungsinstitute, die regelmäßig zuverlässige Statistiken herausgeben. Die bekanntesten Institute sind das Berliner DIW (www.diw.de), das Münchner Ifo (www.cesifo-group.de), das IWH aus Halle (www.iwh-halle.de) und das Essener RWI (www.rwi-essen.de).

Den Markt durch Trendforschung antizipieren

Die Trendforschung führt die Ergebnisse der Statistiker und Marktforscher weiter. In ihr bilden sich Dinge ab, die wir derzeit erst erahnen können. Deshalb steht man hier nie auf festen Füßen, aber Zukunftsszenarien, mit denen Trendforscher arbeiten, können auch Ihre Idee besser einordnen helfen. Stellen Sie sich vor, dass Sie die Entwicklung unseres Kommunikationsverhaltens in 20 Jahren vorausdenken. Die Schlüsse, die Sie daraus ziehen können, eröffnen Ihnen Perspektiven für die eigene Produktentwicklung. So entstehen dann ganz neuartige Produkte wie Wearables, also tragbare Computersysteme. Google Glass ist ein Beispiel dafür – eine Datenbrille, mit der die menschliche Wahrnehmung noch stärker mit Computersystemen verbunden wird. Solch ein Produkt kann man natürlich nicht auf Basis bestehender statistischer Auswertungen entwickeln. Hier kommt die Trendforschung maßgeblich ins Spiel.

Quantitative Trends werden mittels statistischer Verfahren gewonnen, in denen Zahlenreihen fortgeschrieben werden. Wenn in einem Markt beispielsweise vor zehn Jahren x Handys verbreitet waren und vor fünf Jahren 100 Prozent mehr, dann ist es naheliegend davon auszugehen, dass sich dieser Trend in ähnlicher Dynamik fortsetzt und es zu einem weiteren Anstieg der Nutzerzahlen von Handys kommt. Allerdings kommt es in jedem Markt früher oder später zur Marktsättigung, der Kuchen ist dann erst einmal aufgeteilt. Es beginnt die Phase der starken Verdrängungswettkämpfe unterschiedlicher Hersteller, die sich alle ein immer größeres Stück des Kuchens abschneiden wollen.

Eine so einfache Hochrechnung schließt auch aus, dass weitere Faktoren wie Krieg, gesetzliche Interventionen und begehrtere Folgeprodukte hinzukommen. So wurde zum Beispiel der boomende Netbook-Trend abrupt durch die neu aufkommenden Tablets abgewürgt.

Neben quantitativer Trendforschung, die Sie auch selbst auf Basis statistischer Erhebungen vornehmen können, gibt es das qualitative Verfahren. Es wird vielfach angewendet, wenn kein statistisches Material existiert oder die rein zahlenmäßige Erfassung eines Phänomens nicht sinnvoll ist. Qualitative Trends werden verbal-argumentativ und logisch abgeleitet, etwa nach dem Motto: Wenn alle irgendwann über Facebook vernetzt sein werden, wird sich bald eine Umkehrentwicklung einstellen. Sie könnte einen Trend zu kleineren Kommunikationsräumen bedeuten, in denen sich die ausdifferenzierte Lebenswelt und die diversen Lebensstile der Menschen besser abbilden lassen.

Solche Behauptungen müssten mit verschiedenen Belegen unterfüttert werden, beispielsweise erste Umkehrentwicklungen in gesättigten Facebook-Märkten. Aber alles, was Sie an Trendforschung für Ihren Markt und Ihre Ideen betreiben, wird immer nur eine Schätzung mit gewisser Wahrscheinlichkeit sein – niemals eine belastbare Prognose.

Trends zu definieren heißt übrigens nicht, das Neue bloß zu behaupten oder Neues an sich schon als Trend zu verstehen. Vielmehr geht es darum, Prozesse und signifikante Veränderungen in der Gesellschaft zu sehen und zu erklären und seine Rückschlüsse daraus zu ziehen. Veränderungen sind zum Beispiel, wenn die Konsumenten immer mehr Bio-Produkte kaufen und mittlerweile sogar Discounter Bio-Produkte führen. Vor 30 Jahren waren die Vertreter eines neuen Konsumverhaltens noch „spinnerte" Außenseiter. Ein sensibler Trendforscher hätte allerdings schon damals in den „schwachen Zeichen" erster alternativer Ernährungsweisen den Beginn einer gesellschaftlichen Verschiebung gesehen. Der Trendforscher ist insofern seismografischer Beobachter. Er sammelt Phänomene des Alltags und systematisiert sie durch vertiefende Beobachtung, Dokumentenanalyse, Vergleiche (etwa zu anderen Gesellschaften wie den USA, die in den Industriestaaten immer gerne als Vorbild genommen wird, da sich erfahrungsgemäß viele Trends zehn bis 15 Jahre dort eher zeigen als auf dem europäischen Markt).

TRENDFORSCHUNG

Mehr zur Trendforschung: www.4communication.de/html/Trendforsch-NetzZeichen.html

Wer sich nicht als Trendforscher betätigen will, kann auf eine größere Zahl von Dienstleistern zurückgreifen – wie das www.zukunftsinstitut.de, ein privates Trendforschungsunternehmen, das im Auftrag Studien zu einzelnen Branchen durchführt. Dafür muss man dann aber schon ein größeres Budget einplanen.

Die Konkurrenzsituation analysieren

Fragen Sie sich: Ist Ihre Idee wirklich einmalig? Das Rad muss offensichtlich nicht ein zweites Mal erfunden werden. Deshalb gehört zur Marktrecherche unbedingt auch die Wettbewerbsanalyse. Wenden Sie dabei ruhig erst einmal die klassische Google-Suche an und untersuchen Sie folgende Aspekte: Gibt es Ihr Produkt schon? Wenn ja, wer und wie viele andere bieten es an? Welche Schwächen weisen deren Produkte auf? In welchen Punkten ist Ihr Produkt der Konkurrenz überlegen? Worin liegt die Innovationskraft Ihrer Idee? Und, last but not least, wo haben Sie möglicherweise einen Wissensvorsprung? Die Beschäftigung mit der Konkurrenz beziehungsweise den Schwächen und Stärken Ihres Produkts ist elementar für die Durchsetzung Ihrer eigenen Idee. Sie ist der Grund und die Triebfeder für eine erfolgreiche Marktplatzierung.

TIPP
Wenn Sie Wettbewerber im Auge behalten wollen, lohnen regelmäßige Besuche auf deren Webseite. Richten Sie sich einen Google-Account ein und abonnieren Sie den Google-Alerts-Service. Darin definieren Sie bestimmte Suchbegriffe, die Ihr Produkt betreffen. Sobald im Netz irgendetwas dazu neu publiziert wird, bekommen Sie eine automatische Nachricht. So sind Sie immer auf dem neuesten Stand, was die Wettbewerber an Produkten veröffentlichen und an News dazu verbreiten.

Kontakt zu Experten und Branchenkennern

Ab einem bestimmten Punkt der Marktanalyse kommen Sie nicht umhin, mit Experten und Insidern in Kontakt zu treten. Die beste Onlineanalyse und die größten Zahlenreihen der Demoskopen können den menschlichen Austausch nicht ersetzen. Checken Sie deshalb, wo sich die Branchenkenner treffen und welche Vernetzungsmöglichkeiten sie nutzen. Je nachdem, auf welchem Feld Sie Ihre eigene Idee umsetzen wollen, dienen Bars, Szenetreffs oder Konferenzen als ideale Startpunkte, um mit den Kennern der Branche Kontakt aufzunehmen. Im direkten Gespräch mit Ihren Wettbewerbern können Sie wichtige Informationen über Trends, Preise, Gewinnmöglichkeiten oder auch die Zahlungsmoral Ihrer potenziellen sowie zukünftigen Kunden herausfinden.

Durch den Besuch von Messen oder Veranstaltungen besteht schließlich auch die Möglichkeit, einen aktuellen Einblick in Ihren Markt zu bekommen. Das heißt, an diesen Orten können Sie erfahren, was es schon gibt beziehungsweise demnächst geben wird oder wie vorhandene Produkte aufgebaut beziehungsweise verarbeitet wurden. Der Blick über den Tellerrand wird Ihre Fantasie anregen und zugleich die Stärken und Schwächen der eigenen Idee noch einmal vor Augen führen. Erfindermessen sind zudem ein ideales Terrain, um Ihre Innovation zum Verkauf oder zur Vermarktung anzubieten.

Der Austausch mit Fachleuten dient der Objektivierung Ihrer individuellen Markteinschätzung. Nicht wenige Erfinder machen den Fehler, sich auf die Meinung ihrer Freunde und Familien zu verlassen. Doch diese beiden Gruppen sind voreingenommen und meinen es in der Regel immer (zu) gut mit Ihnen. Freunde und Familie geben nicht nur eine verzerrte Wahrnehmung wieder, sondern bewerten Ihre Idee meist unbewusst viel zu positiv. Umgekehrt dürfen Sie aber auch nicht zu expertenhörig werden. Jeder Experte hat auch seine eigenen Interessen und damit einen eingeschränkten Blick. Ihre Aufgabe ist es, die vielen Informationen miteinander zu kombinieren und sich daraus ein Gesamtbild zu machen.

Melitta Bentz (1873–1950)
Ohne Melitta Bentz wäre die Menschheit wahrscheinlich um eine Erfindung ärmer: **den Einweg-Kaffeefilter** aus Papier. Wie viele andere Zeitgenossen, störte die Dresdner Hausfrau der Kaffeesatz am frisch aufgebrühten Muntermacher. Ihre Idee: Sie durchlöcherte einen Messingtopf und legte ein Löschblatt, das sie dem Schulheft ihres Sohnes entnommen hatte, in den Topf. Der Kaffeefilter war geboren, den sie sich auch prompt 1908 patentieren ließ. Noch im selben Jahr gründete sich die Firma Melitta. Heute wird die Firma, die mittlerweile mehr als 3000 Mitarbeiter hat, von ihren Enkeln geleitet.

CHECK: NETZWERKE KNÜPFEN FÜR DIE MARKTFORSCHUNG

- Gibt es Verbände und Vereinigungen in Ihrer Branche?
- Wer sind potenzielle Kunden und Partner für Ihre Idee? Wo können Sie diese am ehesten finden und ansprechen?
- In Fachzeitschriften finden Sie Quellen und Hintergrundinformationen zur Branche.
- Nutzen Sie Foren im Internet, in denen sich Experten austauschen. So finden Sie auch leicht aktuelle Informationen zu Treffen und Veranstaltungen.
- Onlinenetzwerke wie Xing (www.xing.de) und LinkedIn (www.linkedin.com) bieten darüber hinaus eine gute Möglichkeit, um Geschäftskontakte zu knüpfen.
- Abonnieren Sie Newsletter relevanter Onlineangebote.

Führen Sie eigene Umfragen durch

Manchmal ist die Lage schon vertrackt: Wer untersucht schon allen Ernstes das Marktpotenzial von Sparschweinen? Über statistische Werte und sonstige Recherchen bekommen Sie vielleicht heraus, dass der Lifestyle-Markt boomt und die Leute für Innendekoration viel Geld ausgeben. Aber aus diesen Parametern können Sie nur sehr ungefähr herauslesen, ob ein Produktdesigner mit einer neuartigen Sparschweinform Erfolg haben könnte. In solchen Fällen können eigene Umfragen hilfreich sein.

Umfragen können Sie formlos oder in mehr oder weniger standardisierten Formen machen. Neben der Erhebungsmethode spielt die Auswahl der Befragten die entscheidende Rolle. Nehmen wir wieder unser Beispiel des neuartigen Sparschweins. Es soll in hochwertigem Porzellan gefertigt werden, in Kleinserie „Made in Germany". Folglich wird der Einzelpreis hoch ausfallen. Welche Ansprechpartner könnten Ihnen fachlich versierte Informationen liefern? Interessante Aussagen könnten zum Beispiel Design-Fachhändler oder Inhaber von Geschenkeläden machen. Händler sind gute Katalysatoren zwischen Angebot und Nachfrage: Sie haben ein Gespür für den Markt, die Wünsche der Zielgruppen und letztlich das Portemonnaie der Kunden.

Eine andere Gruppe, die Sie interviewen können, sind die potenziellen Endkunden selbst. Orientieren Sie sich einfach an den umfangreichen Recherche- und PR-Praktiken der großen Unternehmen. Google zum Beispiel: Wer so etwas wie eine Datenbrille in die Welt entlässt, hat sich vorher ausgiebig darüber erkundigt, ob, wie und wieso die Nutzer ein solch revolutionäres „Gadget" überhaupt nutzen beziehungsweise tragen wollen.

Die Umfrage soll Ihrer Orientierung dienen. Marktforschung leuchtet dabei auch Potenziale aus. Das heißt, dass positive Feedbacks bei der eigenen Marktforschung nicht gleichbedeutend sind mit dem späteren Erfolg einer Idee. Gerade die Google-Brille zeigt ja, dass es hier erst einmal um eine Zukunftsvision geht, die den Markt zwar fasziniert, aber die Massenkompatibilität wird noch länger auf sich warten lassen.

Aber wie gehen Sie nun praktisch vor? Möchten Sie größere Gruppen befragen, lohnt es sich, die Befragung zu standardisieren – also Fragebögen zu entwickeln. Für das Erstellen eines Fragebogens bietet sich sogar schon MS Word an (http://office.microsoft.com/de-de/templates). Suchen Sie dort aus den zur Verfügung stehenden Vorlagen passende Testbögen aus. Neben Multiple-Choice-Antworten können Sie Richtig-oder-falsch-Fragen oder offene Fragetypen formulieren.

Für eine professionelle Darstellung und Aufarbeitung der Umfrage bietet sich das Programm SoSci Survey an. Zusätzlich zu grundlegenden Features, die auch Word bietet, können Sie hier Skalen und multimediale Inhalte einbinden. Das Programm ist für wissenschaftliche Zwecke kostenfrei. Für kleinere Befragungsprojekte ist es allerdings überdimensioniert. Hier bieten sich verschiedene Alternativen an.

TOOLS FÜR KLEINE UMFRAGEN

- **Doodle** (http://doodle.com/de)
  Das richtige Werkzeug (Onlinedienst), wenn es darum geht, einen Termin zu finden oder zwischen Alternativen abzustimmen
- **Google Docs** (https://docs.google.com/?hl=de)
  Google Docs kann auch Formulare erstellen, die Ergebnisse in Tabellen auflisten und einfach grafisch auswerten. Für die Nutzung von Google Docs muss man zunächst einen Google Account anlegen (sofern man noch keinen hat).
- **Formular-Chef** (www.formular-chef.de)
  Kostenloser Formularservice für alle, die Grundkenntnisse in HTML-Programmierung mitbringen
- **vote online** (www.voteonline.de)
  Für einfachste Abstimmungen mit direkter Anzeige des Ergebnisses

Fragebogen direkt im Internet

Kostenlose Alternativen zum direkten Vergleich:

- **Wextor** (http://wextor.org/wextor/en)
  Speziell für Onlineexperimente ausgelegt, bei denen als Stimulus eine Webseite dient, auf der die Versuchsperson frei navigieren kann. Bislang nur in Englisch verfügbar
- **LamaPoll** (www.lamapoll.de)
  Für Schüler und Studenten kostenlos (bis 500 Teilnehmer), sonst kostenpflichtig
- **Häkchen** (www.haekchen.at/haekchen)
  Für Projektleiter, die wenig Aufwand in die Erstellung des Fragebogens stecken wollen. Kostenlos und besonders schnelle Registrierung
- **make a Questionaire** (http://maq-online.de)
  Kostenlos, mit umfangreicher Anleitung – ebenfalls für einfache Befragungen geeignet
- **Voycer** (www.voycer.de)
  Bietet eine stringente und sehr einfache Benutzerführung, generell kostenlos. Die Ergebnisse werden in den Nicht-Premium-Accounts nach einer Weile veröffentlicht.
- **Studentenforschung.de / ThesisTools** (www.studentenforschung.de)
  Kostenloses Erstellen von Befragungen und Nutzung eines Onlinepanels, Bedingung ist eine Vorstellung der Ergebnisse
- **QSYS / survey4all** (www.survey4all.org)
  Englischsprachig. Wenig flexibel, dafür sehr einfach. Als Open Source veröffentlicht
- **Q-SET** (www.q-set.de)
  Kostenlos mit Werbung oder günstig

ohne Werbung. Sonderkonditionen für Studenten

- **Rogator** (www.rogator.de)
  Die Rogator-Software wird auf einem lokalen PC installiert. Als Student kann man unter RogCampus eine kostenlose Lizenz bestellen.
- **SurveyGizmo** (www.surveygizmo.com)
  Englischsprachig. Einfach gehaltene Bedienung, für kleine, mittlere und große Umfragen geeignet. Studentenversion kostenlos, aber mit Anbieter-Logo
- **polliscope** (https://www.polliscope.de)
  Onlinesoftware zur einfachen, aber individuellen Gestaltung von Umfragen jeder Art. Kostenpflichtig, auf Deutsch
- **UniPark** (www.unipark.info)
  Mit günstigen Konditionen für wissenschaftliche Einrichtungen
- **SurveyMonkey.com** (https://de.surveymonkey.com)
  Die Grundfunktionen sind kostenlos.
- **Umfrage Online** (https://www.umfrage online.com)
  Moderate Preise für kleine bis mittlere Befragungen

(Quelle: www.soscisurvey.de)

Eine andere Möglichkeit, um Ihren Fragebogen umzusetzen, bieten Onlineumfragen. Der große Vorteil liegt dabei in der deutlich größeren Reichweite des Fragenkatalogs – sofern Sie mit den Gegebenheiten des Web 2.0 vertraut sind und dieses für Ihre Zwecke nutzen können. Per Facebook, Twitter oder E-Mail können Sie Freunde, Bekannte und Verwandte auf den Fragebogen aufmerksam machen und ihn weiterverlinken. Dabei sollten Sie allerdings bedenken, dass eine zielgruppengerechte Kundenbefragung nur noch schwer zu steuern ist. Denn ab einem bestimmten Zeitpunkt haben Sie keinen Einfluss mehr auf die Teilnehmer der Umfrage. Daher ist es für die Onlineumfrage umso wichtiger, einen klaren Fragenkatalog zu definieren, der auch die Wohn- und Lebensverhältnisse der Teilnehmer berücksichtigt (zum Beispiel Wohnort, Einkommen etc.).

CHECK: FRAGEN FÜR DIE MARKTFORSCHUNG ENTWICKELN

- Grundsätzlich: Bestimmen Sie erst den Inhalt Ihrer Marktforschung: Was genau wollen Sie wissen beziehungsweise herausfinden?
- Formulieren Sie Ihre Fragen und ordnen Sie diese.
- Machen Sie einen Vortest mit wenigen Versuchspersonen und verbessern Sie gegebenenfalls Ihren Fragebogen.
- Ein Fragebogen arbeitet nicht nur mit geschlossenen Fragen, deren Antwortkategorien Sie vorgeben. Vielfach ist das zur Evaluation einer Idee viel zu einschränkend. Oft bietet es sich an, offene Fragen zu stellen, die frei beantwortet werden können.
- Prüfen Sie: Erwarten Kunden eine Neuerung oder sind sie mit dem derzeitigen Status zufrieden?
- Konfrontieren Sie die Leute direkt mit Ihrem Produkt: Sehen Ihre Befragten

in Ihrer Idee Probleme/Stärken? Was assoziieren Befragte damit?

- Welchen Preis würden die Befragten für Ihre Idee bezahlen?
- Wie sind die Konsumgewohnheiten Ihrer Zielgruppe?
- Über welche Quellen und Vertriebskanäle informieren und konsumieren Ihre Zielgruppen?
- In Bezug auf mögliche neue Produkte: Was ist Ihren potenziellen Kunden wichtig?
- Erheben Sie alle relevanten soziodemografischen Daten (Alter, Geschlecht, Einkommen etc.). Da diese Daten sensibel sind, werden sie immer am Ende gestellt, beim Einkommen muss man oft Kategorien (von … bis) bilden.

Bei der Auswertung müssen Sie realistisch sein: Hat Ihre Auswahl wirklich einen annähernd repräsentativen Charakter? Wenn Sie nur fünf Leute befragen, dann bringt Ihnen der detailliert ausgefeilte Fragebogen wenig bis gar nichts. Wenn Sie 100 000 Menschen aus der falschen Grundgesamtheit ziehen, kann das Ergebnis weniger repräsentativ sein, als die Antworten von 100 richtig ausgewählten Interviewpartnern.

AB WANN IST IHRE UMFRAGE REPRÄSENTATIV?

Wenn Sie ein neuartiges E-Bike in den Markt bringen wollen und das Potenzial Ihrer Idee abschätzen möchten, wäre es großartig, Sie könnten alle Fahrradfahrer dieser Welt befragen. Dann hätten Sie ein sehr detailliertes Bild von Ihrer Zielgruppe. Der Aufwand wäre jedoch viel zu groß. Deshalb definieren Sie eine Grundgesamtheit – alle Radfahrer – und befragen da-

Christian Hülsmeyer (1881 – 1957)
Ihm gelang es als erstem, weit entfernte metallische Objekte durch das Empfangen von reflektierten elektromagnetischen Wellen zu orten. Er nannte seiner Erfindung Telemobiloskop – heute besser bekannt als **das Radar**. Verwendung sah er in erster Linie im Schifffahrtswesen. Durch seine Erfindung hätten Schiffskollisionen leichter verhindert werden können. Für die Patentierung und Vermarktung gab Hülsmeyer Anfang des 20. Jahrhunderts mehr als 20 000 Reichsmark aus. Eingebracht hat es ihm nichts, denn die Schiffsindustrie zeigte sich wenig beeindruckt. Man vertraute lieber auf die dröhnenden Pfeiftöne der Dampfschiffe. Erst durch den Zweiten Weltkrieg erfuhr das Radar den technologischen Durchbruch.

raus eine Auswahlgesamtheit, sogenannte Repräsentanten.

Ist Ihr Ziel also, Aussagen über die Grundgesamtheit der Radfahrer machen zu können, befragen Sie dann beispielsweise eine Stichprobe aus 1000 Personen. Damit diese Stichprobe repräsentativ ist, muss die Auswahlgesamtheit ein verkleinertes Abbild der Grundgesamtheit sein. Wenn also 60 Prozent aller Radfahrer in Deutschland männlich sind, wäre es nicht repräsentativ, wenn Sie ausschließlich Frauen befragen würden. Relevante Merkmale Ihrer Grundgesamtheit werden meist per vorgegebener Quote auf die Auswahl übertragen. Merkmale sind zum Beispiel Geschlecht, Alter, Bildung, finanzielle Situation.

Nur wenn Ihre Auswahl in den relevanten Merkmalen die Grundgesamtheit abbildet, ist eine Umfrage repräsentativ und damit verallgemeinerbar. In diesem Sinne können also 100000 Befragte weniger repräsentativ sein als 100.

INTERVIEW Marktforschung für Erfinder – nachgehakt bei Mario Hopp

Mario Hopp ist Dipl. Sozialwissenschaftler und BVM Marktforscher. In verschiedenen Unternehmen der IT- und Medienbranche sammelte er praktische Erfahrungen mit Marketing-Strategien und spezialisierte sich auf Marktforschung. Hopp leitete zwei Jahre lang Marktforschungsprojekte im forsa Institut in Berlin. Dabei war er für Unternehmen aus fast allen Dienstleistungsbranchen tätig. Seit dem Jahr 2004 ist er Geschäftsführer und Projektleiter des Marktforschungsinstitutes Hopp & Partner.

? Wie wichtig ist es, Marktforschung vor der Entwicklung eines neuen Produkts oder einer Dienstleistung zu betreiben?

„ Vor allem bei der Entwicklung völlig neuartiger Produkte oder Dienstleistungen ist die Marktforschung von zentraler Bedeutung. Produktentwicklung und Markteinführung sind fast immer mit hohem Zeit- und Kapitaleinsatz verbunden. Um dieses Kapital abzusichern und möglichst effizient einzusetzen, wird Marktforschung betrieben.

? Welche Art von Marktforschung empfiehlt sich speziell für Entwickler neuer Produkte oder Dienstleistungen?

„ Vor der Markteinführung sollte

eine Potenzialanalyse durchgeführt werden, um die Akzeptanz des neuen Angebots zu überprüfen und das vorhandene Marktpotenzial abzuschätzen. Eine Potenzialanalyse beruht meist auf einer repräsentativen Befragung der Zielgruppe. Mit ihr kann die zukünftige Nachfrage für das Produkt quantitativ abgeschätzt werden.

? Welche Parameter des Marktes sind für die Marktforschung erfassbar?

„ Im Fokus steht zunächst einmal der zentrale Kundennutzen. Es wird überprüft, ob dieser für den Kunden tatsächlich so relevant ist, wie der Entwickler des Produkts dies annimmt. Im worst case kann an diesem Punkt bereits eine Entscheidung gegen die Markteinführung des Produkts fallen, um einen Flop zu verhindern. Ebenso wichtig ist die Ermittlung der Zahlungsbereitschaft der Zielgruppe. Im Rahmen eines Preistests kann der am Markt durchsetzbare Betrag für das neue Produkt oder die Dienstleistung ermittelt werden.
Weiterhin richtet sich der Blick auf den Wettbewerb: Es wird untersucht, mit welchen Angeboten die Zielgruppe derzeit ihren Bedarf befriedigt beziehungsweise wie substituierbar das neue Produkt ist. Verfügt dieses über ein einmaliges Herausstellungsmerkmal, kann es sich gut vom Wettbewerb abgrenzen und die Chancen einer erfolgreichen Markteinführung steigen. Zeigt es sich dagegen, dass die Zielgruppe mit anderen – möglicherweise kostengünstigeren – Lösungen denselben Nutzen generieren kann, sollte das Produkt natürlich kritisch hinterfragt werden.
Schließlich können die potenziellen Kunden zu einzelnen Aspekten des Produkts oder der Dienstleistung Feedback geben. Die Präferenzen der Zielgruppe können so frühzeitig erkannt werden und in die weitere Produktentwicklung mit einfließen. Für die Ansprache des neuen Potenzials über Marketingmaßnahmen kann ein Zielgruppenprofil der potenziellen Käufer unter soziodemografischem oder regionalen Gesichtspunkten erstellt und deren genutzte Informationsquellen für eine möglichst effiziente Ansprache über passende Marketingmaßnahmen ermittelt werden.

? Wie teuer ist Marktforschung, wenn sie als Auftragsarbeit vergeben wird?

„ Das hängt natürlich sehr vom Umfang und der spezifischen Zielgruppe ab. Kleine Potenzialanalysen kann man schon für 3000 bis 5000 Euro durchführen lassen. Dies erfolgt dann meist online und ist daher nicht repräsentativ. Telefonische oder persönliche Zielgruppenbefragungen liefern meist deutlich validere Daten, der Aufwand ist dafür entsprechend höher. Der Kosten-Range geht hier üblicherweise von 5 000 bis 30 000 Euro. Der letztendliche Aufwand hängt sehr vom Umfang der zu beschaffenden Daten und davon ab, wie schwer die Zielgruppe zu befragen ist. Bei sehr speziellen Zielgruppen und zusätzlichen qualitativen Forschungsmodulen können die Kosten für Potenzialanalysen auch in den sechstelligen Bereich gehen.

? Viele Erfinder haben zu Beginn ihrer Unternehmensgründung wenig Kapital zur Verfügung. Können sie Marktforschung auch ohne Beauftragung eines Marktforschungsinstitutes betreiben, und wenn ja wie?

" Alleine kann man nur sehr begrenzt Marktforschung betreiben, da in der Regel die entsprechenden personellen und technischen Mittel zur systematischen Befragung von Zielgruppen nicht vorhanden sind. Man kann und sollte dann aber zumindest eine Markterkundung durchführen, indem man mit möglichst vielen potenziellen Käufern über das neue Produkt spricht. Dieses Feedback kann gerade in der frühen Phase der Produktentwicklung zu wichtigen Weichenstellungen führen. Zudem sollte man eine systematische, möglichst internationale Internetrecherche zu möglichen Wettbewerbern und zur eigenen Zielgruppe durchführen und diese schriftlich auswerten.

? Auf was muss man achten, wenn man Dienstleister beauftragt? Gibt es Qualitätskriterien zur Auswahl eines Dienstleisters?

" Das Marktforschungsunternehmen sollte Mitglied im Berufsverband Deutscher Markt- und Sozialforscher e.V. (BVM) und/oder im der European Society for Opinion and Marketing Research (ESOMAR) sein, da diese sich an gemeinsam erarbeitete Richtlinien halten. Auf der Webseite des BVM und auf dem Branchenportal Marktforschung.de findet sich ein Register mit nahezu allen Marktforschungsunternehmen in Deutschland. Bei einer Anfrage sollten Zielgruppe, Produkt und Zielsetzung der Marktforschung möglichst präzise beschrieben werden, damit das Institut eine möglichst passende Lösung anbieten kann.

Wann ist der Markt reif für die Kaffeekapsel?

EINE IDEE IN DIE TAT UMSETZEN

Zwei Beispiele aus der Vergangenheit zeigen, wie wichtig der richtige Zeitpunkt des Markteintritts ist:

Anfang der 1970er-Jahre entwickelte der italienische Kaufmann und Erfinder Antonio di Leva die Prontadose. Sie war nichts anderes als ein Kaffeepad aus Aluminium, an dessen Entwicklung di Leva jahrelang arbeitete. Sechs Monate lang lief die in Kooperation mit der Kaffeerösterei Lavazza produzierte Prontadose vom Band, ehe die Produktion aus nicht näher bekannten Gründen schließlich eingestellt wurde. Di Leva musste nach eigenen Angaben 1,5 Millionen der Aluminiumfilter auf eigene Kosten entsorgen lassen. Erst 40 Jahre später, Anfang der 2000er-Jahre setzte sich das Kaffeepad durch und wurde zum Verkaufsschlager. Eine wachsende Zahl von Single-Haushalten und die weiter zunehmende Beschleunigung des Alltags führten schließlich dazu, dass das von di Leva erfundene Konzept einer schnell zubereiteten Portion Espresso doch noch ein großer Erfolg wurde. Seinem Erfinder brachte das allerdings keinen Reichtum ein, da die neuen Herstellungsverfahren nicht auf seinem Patent basierten.[8]

Ein anderes Beispiel für verpasste Marktchancen ist die bereits erwähnte Etablierung des MP3-Formats. Entwickelt am Fraunhofer Institut in Erlangen ab den frühen 1980er-Jahren, gelang es keiner deutschen Firma, den Standortvorteil zu nutzen und ein dazugehöriges Abspielgerät erfolgreich zu etablieren. So waren es die großen internationalen Elektronikkonzerne, die sich den Markt für MP3-Player schließlich untereinander aufteilten.

Diese beiden Fälle sollen Ihnen verdeutlichen, wie wichtig die Analyse des potenziellen Absatzmarkts, aber auch das richtige Timing für die erfolgreiche Umsetzung einer Neuerung sind.

Damit ist auch schon das Window of Opportunity umrissen – also das Zeitfenster, in welchem eine Erfindung zum Erfolg werden kann. Auf dieses haben Sie natürlich nicht so ohne weiteres einen Einfluss. Allerdings gibt es Möglichkeiten über die Analyse des Marktes hinaus, die Entwicklung und Umsetzung Ihrer Idee positiv zu beeinflussen.

Die Ausgangsbedingungen auf dem Markt verbessern

Ein sehr gutes Beispiel für die richtigen Grundlagen zur Entwicklung und Marktplatzierung von Produkten ist erneut das Silicon Valley im US-Bundesstaat Kalifornien. Dieses Gebiet im Süden San Franciscos, das gerade einmal doppelt so groß wie das Saarland ist, beherbergt die weltweit größten IT-Unternehmen wie Google, Apple, Microsoft und Intel. Die Bedingungen, die viele Jungunternehmer dort zur Umsetzung ihrer Ideen vorfinden, sind nahezu optimal. Dazu zählt die enge Verzahnung von Wirtschaft und Forschung. Eine große Zahl der Absolventen von Elite-Unis wie Stanford und Berkeley beschäftigt sich schon im Studium mit der Lösung von Problemen in der digitalen Welt oder bastelt bereits an neuen Produkten, mit deren Hilfe der Alltag weiter vereinfacht werden soll. Nach ihrem Abschluss bringen diese kreativen Köpfe dann ihre Ideen und Konzepte in die vor Ort ansässigen Firmen ein, welche in Bezug auf Innovation und Produktneuschaffung auf dem Weltmarkt führend sind. Letztlich kommen diese Produkte dann beim Konsumenten an und verändern unsere Lebensweise. Die Beispiele für Innovationen aus dem Silicon Valley sind beeindruckend: Oder wer kann sich heute noch ein Leben ohne Smartphone oder Internet-Suchmaschinen vorstellen?

Was das Silicon Valley so einzigartig für die Technologiebranche macht, ist die hervorragende Vernetzung von Wissen. Hinzu kommen hochqualifizierte Arbeitskräfte, das nötige Kapital und ein enormer Konkurrenzdruck. Damit nimmt das Silicon Valley eine weltweit einzigartige Stellung im Bereich der Erneuerungskraft der Informationstechnologie ein.[9]

Ein Blick nach Deutschland zeigt, dass es auch hier Bedingungen gibt, durch die in einer bestimmten Region ein viel größeres Innovationspotenzial entstehen kann, als es anderswo der Fall ist. Konkret gilt das zum Beispiel für die Automobilbranche im Raum Frankfurt am Main, wo viele Zulieferer um den Einsatz von Neuerungen bei den Autoherstellern buhlen und junge Start-ups mit ihren Ideen und Produkten in den Markt eintreten.

BILD RECHTS: Das Silicon Valley erstreckt sich am Westufer der San Francisco Bay.

In der Kreativwirtschaft hat sich außerdem vor allem Berlin als dynamisches Zentrum erwiesen. Ob Grafikdesigner oder Künstler, die wachsende Konkurrenz, aber auch die damit verbundene zunehmende Konzentration von Know-how ermöglichen einen intensiven Wissenstransfer und Vernetzungsmöglichkeiten.

Gerade durch den Kontakt zu solchen Ideenzentren lassen sich für Ihr eigenes Projekt viele wichtige Impulse gewinnen. Etwa durch die Beobachtung der dortigen Kundenpools und der damit verbundenen Frage, ob ein bestimmtes Produkt auch in modifizierter Weise an anderen Orten erfolgreich sein kann. Zudem lässt sich beobachten, wie viel Konkurrenz ein Markt aushalten kann. Wann sinkt die Gewinnspanne? Gibt es bereits einen harten Preiskampf, also einen Verdrängungswettbewerb? Wie groß ist die Nachfrage? Und vor allem sollte klar sein, ob ein Markt schon gesättigt ist.

Wenn Sie in einer fruchtbaren Umgebung arbeiten, nutzen Sie deren Standortvorteile. Versuchen Sie etwa, Erfolg oder Misserfolg potenzieller Konkurrenten als Testballon für Ihre eigene Idee zu verstehen und zu analysieren.

CHECK: KREATIVE STANDORTVORTEILE

- Haben Sie eine Möglichkeit, Ihr Wissen zu vernetzen?
- Wie sieht Ihr Umfeld aus? Der Einfluss von Kreativen erleichtert oftmals die Weiterentwicklung der eigenen Idee.
- Ist Ihr Standort bekannt für seine Innovationskraft? Geldgeber und Kooperationspartner achten auch auf das Potenzial ihres Umfelds.

ES GIBT EINEN MARKT FÜR IHRE IDEE – WAS NUN?

Nachdem Sie Ihren Standort und den Markt für Ihre Idee identifiziert haben, müssen Sie sich Ihrer Stärken und Schwächen bewusst werden. Damit beginnt das Design des Produkts, sofern dies noch nicht konkret geschehen ist.

Dabei ist die Auswertung Ihrer Umfragerückläufer besonders wichtig. Was erwarten die potenziellen Kunden von der Neuerung? Wo sehen sie die Schwierigkeiten? Was lehnen sie eher ab? Welche Trends sind als besonders wichtig erachtet worden?

Das Beispiel der „Share Economy" (also der wirtschaftliche Vorteil durch Teilen von Wissen und Besitz) hat in jüngster Vergangenheit gezeigt, wie schnell sich neue Lösungen und Dienstleistungen am Markt etablieren, Nachrichten verbreiten und ein wohlgehütetes Geheimnis auf einmal in aller Welt bekannt wird. Daher gilt auch für Ihre eigene Idee: Handeln Sie möglichst zügig und bringen Sie Ihr Produkt voran. Das muss strategisch passieren. Seien Sie sich darüber im Klaren, dass Ihre Idee auch scheitern kann. Eine Studie von 2012 hat gezeigt, dass von 100 Ideen für neue Produkte nur 13 auf den Markt kommen. Lediglich sechs davon werden ein kommerzieller Erfolg.[10]

BESTANDSAUFNAHME

- ☐ Haben Sie auf dem Markt eine Zielgruppe für Ihre Idee erfasst?
- ☐ Kennen Sie aktuelle Studien und Statistiken zu Ihrer Branche?
- ☐ Wo liegen die neuen Trends in dieser Branche?
- ☐ Wer sind Ihre Konkurrenten beziehungsweise Mitanbieter auf dem Markt und wie viele sind es?
- ☐ Bringen Sie eine wirkliche Innovation/Erfindung auf den Markt oder agieren Sie in einem bestehenden Markt? Je nachdem definieren sich Ihre Chancen beziehungsweise Risiken.
- ☐ Haben Sie alle Quellen zur Erschließung Ihres Marktes genutzt (Besuch von Ausstellungen, Messen, Veranstaltungen; das Erstellen eines Online- oder Print-Fragebogens)?
- ☐ Wer könnte Ihnen bei der Umsetzung Ihrer Idee behilflich sein?
- ☐ Haben Sie sich darüber hinaus einer objektiven Realität gestellt? Haben Sie also die Stärken und Schwächen Ihrer Idee gleichermaßen berücksichtigt?
- ☐ Ist das „Window of Opportunity" für Ihre Idee gerade offen?
- ☐ Kennen Sie Vernetzungsmöglichkeiten und Standortvorteile, um Ihr Produkt schneller und effizienter auf den Markt bringen zu können?

Haben Sie alle diese Fragen positiv beantworten können, lohnt sich der Schritt zum nächsten Kapitel. Eine gründliche Vorbereitung ist entscheidend für das Gelingen Ihrer Idee. Dabei gilt auch, sich voll und ganz auf das Projekt zu konzentrieren. Wenn Sie und Ihre möglichen Kunden den Punkt erreicht haben, wo das Produkt für gut befunden und als umsetzbar mit einer realistischen Chance auf dem Markt eingestuft wurde, werden Sie im nächsten Kapitel lernen, wie Sie Ihre Idee richtig schützen können.

FÜR GUT BEFUNDEN UND GESCHÜTZT

WAS SIE IN DIESEM KAPITEL ERWARTET…

Ideenklau ist leider gang und gäbe. Daher werden Sie sich mit dem Schutz Ihres geistigen Eigentums beschäftigen müssen. Ein Grafiker zum Beispiel muss beim Schutz seines Konzepts aber anders vorgehen als ein Technikbastler. Dieses Kapitel zeigt Ihnen, wie Sie Ihre Idee möglichst vor dem Zugriff Dritter schützen und sich darüber hinaus rechtlich absichern können. Zugleich erhalten Sie einen Überblick über die rechtlichen Rahmenbedingungen für den Schutz von geistigem Eigentum und die Patentierung von Ideen beziehungsweise Produkten.

Bereits 1860 entwickelte der aus Italien stammende Theatermechaniker Antonio Meucci in New York eine Fernsprechverbindung, für deren Patentierung er die Kosten allerdings nicht aufbringen konnte. In den Besitz der von Meucci beim Patentamt eingereichten Unterlagen kam schließlich der nach Kanada ausgewanderte Brite Alexander Graham Bell, der 1876 seinerseits ein vollständiges Patent auf das Telefon anmeldete. Mit der Bell Telephone Company, dem Vorgänger des heutigen amerikanischen Telekommunikationsriesen AT&T, gründete Bell eine Firma, die sein neues Produkt effektiv vermarkten und verkaufen konnte. Obwohl Antonio Meucci noch jahrelang versuchte, das Patent Bells anzufechten, gelang es ihm nie, wenigstens auch nur finanziell entschädigt zu werden. Meucci starb als verarmter Mann.[11]

Das Beispiel des Antonio Meucci macht deutlich, wie wichtig der Schutz von geistigem Eigentum ist. Menschen haben Ideen. Alles, was aus Ideen produziert wird, ist schützenswertes Eigentum; egal, ob es sich dabei um technische Innovationen handelt, ein Markendesign oder ein Softwareprogramm – sofern eine schützenswerte erfinderische Leistung vorliegt. Nicht jede Idee ist automatisch schützenswert und im juristischen Sinne schutzfähig, etwa über ein Patent.

Sogenannte „Intellectual Property Rights“ bekommen durch die zunehmende globale Vernetzung eine immer wichtigere Bedeutung. Raubkopien und Produktpiraterie sind dabei vor allem innerhalb der Kreativwirtschaft ein großes Problem. Weltweite Schätzungen zeigen allein im Bereich der Softwarepiraterie Umsatzverluste von bis zu 60 Milliarden Dollar jährlich.[12] Auch in Deutschland ist Produktfälschung ein milliardenschweres Geschäft. Immer wieder tauchen auf Innovationsmessen oder im Internet exakte Nachbildungen von Neuerungen auf, deren Entwicklung viel Geld und Zeit gekostet hat. Um die Öffentlichkeit für dieses Thema zu sensibilisieren, hat sich in Deutschland eine Vereinigung gegründet, die mit der Verleihung des jährlichen

Plagiarius auf dreiste Fälschungen und Kopien aufmerksam machen möchte. Darüber hinaus betreibt die Aktion Plagiarius ein eigenes Museum in Solingen. Dort werden besonders „gute" Fälschungen als Dauerexponate präsentiert, und Besucher können sich in wechselnden Ausstellungen zum Beispiel dem Thema Duftnachahmungen nähern. Wer sich die Preisträger der letzten Jahre ansieht, wird feststellen, dass besonders viele Plagiate aus dem asiatischen Raum, vornehmlich aus China und Korea stammen.

Gerne wird in Deutschland immer wieder über besonders dreiste Plagiate etwa aus China diskutiert. Unabhängig von der erwiesenen Unrechtmäßigkeit dieser Fälschungen zeugt deren große Zahl vor allem von einem anderen kulturellen Hintergrund. Es ist in China durchaus keine Schande, etwas so lange nachzuahmen, bis es besser als das Originalprodukt ist. Nachahmung ist im Allgemeinen wesentlich weniger negativ besetzt, als es hierzulande der Fall ist.

Doch auch in Deutschland ist Ideenklau ein gängiges Prinzip und dabei zumeist auch völlig legal – sofern es sich um kein fertiges Produkt handelt. Mit dieser Tatsache sollten Sie sich auseinandersetzen. Dennoch können Sie bestimmte Vorkehrungen treffen, um Ihre Idee oder Ihr Produkt zunächst einmal vor potenziellen Konkurrenten möglichst geheim zu halten. Darüber hinaus haben Sie auch die Möglichkeit, sich rechtlich abzusichern.

DAS RISIKO EINES IDEENKLAUS SENKEN

Unabhängig davon, welche Art von Neuerung Sie auf dem Markt anbieten wollen, können Sie auch mit einfachen Mitteln das Risiko minimieren, dass Ihre Idee von jemand anderem geklaut wird.

Zunächst sollten Sie den Mitwisserkreis so klein wie möglich belassen. Freunde und Verwandte sind, wie schon erwähnt, auf Ihrer Seite. Aber besonders dann, wenn Sie auf Messen und Veranstaltungen gehen und mit potenziellen Partnern oder Konkurrenten sprechen, sollten Sie sehr genau darauf achten, was und wie viel Sie über Ihre Idee preisgeben. Das kann auch schon für einen einfachen Restaurantbesuch gelten. Sprechen Sie mit einem Bekannten über Ihre Idee und jemand am Nachbartisch bekommt diese mit, so kann dieser Ihre Anregungen einfach aufgreifen und umsetzen, ohne dass er rechtliche Konsequenzen befürchten müsste. Das heißt zwar nicht, dass Sie nur konspirativ im dunklen Kämmerchen über Ihr Projekt sprechen sollen, aber dennoch sollten Sie sich für eine bestimmte Form der Geheimhaltung sensibilisieren.

Machen Sie sich Gedanken über das passende „Wording" in Gesprächen. Überlegen Sie, welche Zahlen oder Informationen Sie preisgeben können. Denn wenn Ihre Idee eine wirkliche Neuerung ist, weckt sie mit Sicherheit auch das Interesse und die Neugier anderer Wettbewerber. Und die können unter Umständen auf größere Ressourcen und bessere Vertriebswege zurückgreifen, um ein neues Produkt zuerst auf den Markt zu bringen.

Eine weitere Möglichkeit, um sich vor Ideenklau zu schützen, ist die Nutzung von „Non Disclosure Agreements" (NDAs). Solche Geheimhaltungsverträge sind Vereinbarungen, die es Ihnen ermöglichen, zukünftige Kooperationspartner zur Verschwiegenheit zu verpflichten. Das macht besonders dann Sinn, wenn Sie bei der Umsetzung Ihrer Idee auf die fachliche Unterstützung eines externen Dienstleisters zugreifen müssen. Geheimhaltungsverträge sind in der Wirtschaft etwas Gewöhnliches und gehören bei potenziellen und professionell arbeitenden Partnern zum täglichen Geschäft. Um sicherzugehen, dass der Vertrag speziell auf Ihr Produkt und Ihre Kooperation zugeschnitten ist, können Sie die entsprechende Vereinbarung auch gemeinsam mit einem Anwalt erstellen. Allerdings fallen dabei Kosten an, die von Anwalt zu Anwalt schwanken. Seien Sie sich aber bewusst darüber, dass diese Kosten schnell Ausgaben von mehreren hundert Euro für Sie bedeuten können. Wenn Sie davor zurückschrecken, können Sie auch eine allgemein gehaltene Vereinbarung nutzen, um zumindest gegenüber Ihrem Geschäftspartner die Vertraulichkeit und Ernsthaftigkeit Ihrer Kooperation zu betonen.

MUSTERVORLAGE FÜR EINE VERTRAULICHKEITSERKLÄRUNG

„Ich verpflichte mich, sämtliche nicht öffentlichen Informationen, die mir im Zuge der Kooperationsverhandlungen über das Muster-Projekt von Max Mustermann zugänglich gemacht werden, insbesondere die Inhalte sämtlicher Unterlagen, vertraulich zu behandeln und nicht an Dritte weiterzugeben. Meine Mitarbeiter sind ihrerseits vertraglich verpflichtet, Vertraulichkeit zu wahren.

Sofern die angestrebte Kooperation nicht zustande kommt, werde ich die Unterlagen auf Wunsch von Max Mustermann vollständig zurückgeben oder vernichten. Die erworbenen Kenntnisse werde ich nicht verwerten.

Mir ist bekannt, dass die Verletzung von Betriebs- und Geschäftsgeheimnissen strafbar ist und dass bei Zuwiderhandlungen ein Schadenersatz von mindestens XXX Euro an Max Mustermann zu zahlen ist.

Ort, am .... 2015; Unterschrift"

- Der Deutsche Erfinder-Verband bietet auf seiner Webseite ein etwas ausführlicheres Formular zum kostenlosen Download an: www.deutscher-erfinderverband.de/images/pdfs/Geheimhaltung-Vordruck.pdf.
- Eine ausführliche Vorlage gibt es auch auf der Webseite des Bundesamts für Sicherheits- und Informationstechnik: https://www.bsi.bund.de/cae/servlet/contentblob/474900/publicationFile/31022/ vertraulichkeitsvereinbarung_pdf.pdf.

Falls Sie bis hierhin ohne rechtliche Beratung ausgekommen sind, sollten Sie zumindest die Möglichkeit ins Auge fassen, einen auf den Schutz geistigen Eigentums spezialisierten Rechtsanwalt für eine Erstberatung zu kontaktieren. Diese sind gesetzlich zur strengen Verschwiegenheit verpflichtet und stellen kompetente Ansprechpartner für den Schutz Ihrer Idee dar. Erstberatungen werden oft kostenlos angeboten. In jedem Falle gilt es, sich dazu vorher zu erkundigen. Denn eine angenehme Unterhaltung mit dem Anwalt kann zu einem bösen Erwachen führen, wenn einige Zeit später die Abrechnung mit dem Stundenhonorar in der Post liegt. Kostenlose Erstberatungen für Erfinder bietet übrigens auch der Deutsche Erfinder-Verband (www.deutscher-erfinder-verband.de). Wer Mitglied in diesem Verband wird, kann darüber hinaus weitere Dienstleistungen in Anspruch nehmen (Studenten und Rentner zahlen zum Beispiel nur 45 Euro, Einzelpersonen 90 Euro im Jahr).

CHECK: SCHUTZ VOR IDEENKLAU

- Legen Sie einen Kreis von Personen fest, die Sie in Ihr Projekt einweihen.
- Überlegen Sie sich, wie viel Sie von Ihrem Projekt preisgeben wollen und sollten.
- Achten Sie darauf, an welchen Orten Sie über Ihre Idee sprechen.
- Versuchen Sie, möglichst viel von Ihren Mitbewerbern oder möglichen Konkurrenten zu erfahren. Gleichzeitig sollten Sie möglichst wenig Auskunft über Ihre Idee geben.
- Nutzen Sie Geheimhaltungsverträge (NDAs), um sich gegen Ideenklau durch Geschäftspartner abzusichern und diese somit an sich zu binden.

- Der Nutzen einer Beratung bei einem Rechtsanwalt mit dem Schwerpunkt auf geistiges Eigentum oder bei dem Erfinder-Verband kann anfallende Kosten dieser Beratung bei weitem übersteigen.

Michail Timofejewitsch Kalaschnikow (1919–2013)
Ein Erfinder, der die Welt in der zweiten Hälfte des 20. Jahrhunderts maßgeblich beeinflusst hat – und zwar nicht zum Guten –, ist Michail Timofejewitsch Kalaschnikow, Konstrukteur des Gewehrs AK-47 beziehungsweise der **Kalaschnikow**. Bis heute hat sich die Kalaschnikow mehr als 100 Millionen Mal verkauft und ist somit die am weitesten verbreitete Schusswaffe der Welt. Zweifelhafter Ruhm wurde dem Erfinder ohne Frage zu Ehre: In den 1940er- und 1960er-Jahren erhielt er den Stalinpreis und den Leninorden. 1999 erhob ihn Boris Jelzin sogar in den Rang eines Generalleutnants. Die Vermarktungsrechte an der Ak-47 behielt die damalige Sowjetunion jedoch für sich. Kalaschnikow starb 2013 im Alter von 94 Jahren. Er lebte von einer bescheidenen Pension.

Eine Idee beweiskräftig festhalten

Angenommen, Sie wollen ein Onlineportal für eine Fahrrad-Sharing-Community gründen. Wenn Sie nun etwa von einer Fachzeitschrift gebeten werden, Ihr Projekt vorzustellen und damit zu veröffentlichen, sind zwar einzelne Begriffe geschützt, zum Beispiel der Name Ihrer Plattform, nicht aber der eigentliche Inhalt. Sollte ein Konkurrent also nun Ihre Idee aufgreifen und ein solches Portal schneller aufbauen, handelt er rechtlich einwandfrei – solange er sein Portal unter einem anderen Namen firmieren lässt. In diesem Falle greift auch nicht das Gesetz gegen den unlauteren Wettbewerb, weil es nur auf Waren oder Dienstleistungen zutrifft, „[…] die eine Nachahmung der Waren oder Dienstleistungen eines Mitbewerbers sind, wenn er [also der Nachahmer] die für die Nachahmung erforderlichen Kenntnisse oder Unterlagen unredlich erlangt hat.“[13]

Konkret bedeutet das: Nur derjenige handelt unredlich, der Mitarbeiter der Konkurrenz aushorcht oder andere Formen der gezielten Wirtschaftsspionage betreibt – also etwa Ihre Pläne stiehlt. Ganz legal ist es dagegen, ungeschützte Informationen aus Gesprächen oder öffentlich zugänglichen Quellen über Produkt- oder Dienstleistungsideen aufzugreifen und selbst umzusetzen.

Den Schöpfungszeitpunkt Ihrer Idee dokumentieren

Ideen sind flüchtige Güter. Daher sind rechtliche Ansprüche vor Gericht nur sehr schwer durchsetzbar, abgesehen von den Kosten, die dadurch für Sie entstehen würden. Was Sie allerdings tun können, ist, den Inhalt Ihrer Ideen, einer Marke oder eines Konzepts eindeutig zeitlich zu dokumentieren. So können Sie etwa Gesprächsprotokolle erstellen – also aufschreiben, wann Sie mit wem worüber gesprochen haben.

Auch ein Blog ist eine Möglichkeit, die eigenen Fortschritte zu dokumentieren. Hier müssen Sie allerdings genau abwägen, was Sie über diese Form der Publikation wirklich öffentlich machen wollen. Wenn Sie bereits einen Messeauftritt ins Auge fassen, sollten Sie diesen vor Ort unbedingt fotografieren und die Unterlagen aufbewahren.

Darüber hinaus können Sie Ihre Unterlagen per E-Mail, Brief oder Fax an einen Zeugen senden. Sie können den Versand dieser Informationen auch durch Anwesenheit mehrerer Zeugen und das Anfertigen eines Protokolls festhalten. Oder Sie schicken sich Ihre Unterlagen durch einen ungeöffneten Brief per Einschreiben selbst zu. Allerdings sind diese Lösungen gerichtlich nur schwer verwertbar.

Viel mehr Sicherheit gewinnen Sie, wenn Sie Ihre Dokumente notariell hinterlegen. Das können Sie bei einem klassischen Notar oder auch bei einem Rechtsanwalt tun. Im Falle einer gerichtlichen Auseinandersetzung kann so ausdrücklich und rechtlich einwandfrei der Entstehungszeitpunkt Ihrer Idee nachgewiesen werden. Diese notariellen Hinterlegungen werden außerdem in den 69 Staaten der Welt anerkannt, die das Haager Beglaubigungsübereinkommen unterzeichnet haben, darunter auch die USA und China.

NOTARKOSTEN SPAREN

Wenn die Kosten eines Notars Sie abschrecken, können Sie einen günstigeren und einfach zu bedienenden Onlinedienst nutzen. Auf www.priormart.com finden Sie einen virtuellen Notar, der die Möglichkeit einer notariellen Hinterlegung bietet. Sie laden einfach Ihre Dateien auf den Notariatsserver, und der Betreiber der Seite sorgt dafür, dass Ihre Dokumente einem staatlich geprüften Notar vorgelegt werden, der den offiziellen „Schöpfungszeitpunkt" bezeugt. Außerdem erhalten Sie eine Beglaubigungsurkunde, die die notarielle Hinterlegung bestätigt und eine sogenannte Prioritätserklärung enthält. Die notarielle Hinterlegung ist dabei grundsätzlich auf fünf Jahre befristet. Im einfachsten Fall kostet die Hinterlegung von bis zu 50 MB großen Dateien 49 Euro. Darüber hinaus können Sie auch eine Flatrate-Option buchen, die für 99 Euro unbegrenzt viele Hinterlegungen im Monat mit bis zu 500 MB großen Datenpaketen ermöglicht.

WELCHE IDEE BENÖTIGT WELCHEN SCHUTZ?

Es ist in jedem Falle wichtig, dass Sie sich darüber klar sind, welche Form von Idee, Marke, technischer Neuerung oder Innovation Sie anbieten wollen. Denn danach richten sich auch Ihre rechtlichen Schutzmöglichkeiten. Grundsätzlich gilt, dass die Manifestierung einer Idee in Form eines Werkes oder eines Produkts die Voraussetzung für den gesetzlichen Schutz bildet. Denn eine Idee an sich ist nicht schützbar – das sollten Sie sich immer wieder vor Augen halten. Insofern gilt auch hier wieder unser Credo: Eine gute Idee ist nur die, die auch umgesetzt wird. Auch der Gesetzgeber sieht das so und setzt erst an dieser Stelle die Schutzfähigkeit an.

Wurde Ihre Idee schon woanders umgesetzt?

Nicht zu wissen, ob eine Neuerung bereits von jemand anderem auf den Markt gebracht wurde, kann sehr teuer und aufwendig werden – nämlich dann, wenn es zu einem Rechtsstreit aufgrund möglicher Patentverletzungen kommt. Daher sollte vor der Anmeldung eines Patents oder einer Marke eine gründliche Recherche stehen. Damit können Sie überprüfen, ob Ihre Idee wirklich so neu ist, wie Sie glauben. Schließlich wollen Sie eine Innovation auf den Markt bringen und keine (unbewusste) Nachahmung. Zugleich bietet Ihnen eine ausführliche Recherche die Möglichkeit zu prüfen, welche Produkte und Lösungen bereits patentiert beziehungsweise geschützt sind und welche noch nicht oder nur in sehr unspezifischer Form. Vor jeder Anmeldung beim Deutschen Marken- und Patentamt steht dieser Rechercheschritt zunächst an.

WO KÖNNEN SIE PRÜFEN, OB IHRE IDEE SCHON PATENTIERT IST?

- Depatisnet ist die Datenbank des Deutschen Patent- und Markenamts für Onlinerecherchen zu Patentveröffentlichungen (kostenlos): http://depatisnet.dpma.de.
- Espacenet des Europäischen Patentamts bietet kostenlosen Zugriff auf über 80 Millionen Patentdokumente aus aller Welt: www.epo.org/searching/free/espacenet_de.html.
- Die Datenbank des Patentamts der USA bietet eine kostenlose Volltextsuche für US-Patente ab 1976: www.uspto.gov/patents/process/search.
- PIZnet, das Netzwerk der Deutschen Patentinformationszentren, bietet die Möglichkeit von begleiteten Recherchen. Das PIZnet ist ein eingetragener Verein. Zielsetzung des Vereins ist es, durch Fortentwicklung der Patentinfor-

mationszentren die Verbreitung der Informationen über gewerbliche Schutzrechte in der Öffentlichkeit voranzutreiben. Der Verein verfolgt ausschließlich gemeinnützige Zwecke und ist nicht gewinnorientiert. Er ist an der TU Darmstadt angesiedelt und bietet verschiedene Dienstleistungen an. Dazu gehören unter anderen auch Überwachungsrecherchen zu Marken, Patenten, Gebrauchsmustern über neu veröffentlichte Schutzrechte nach bestimmten Abfrageprofilen: www.piznet.de.

Das Urheberrecht

Das Urheberrecht schützt in Deutschland alle Geisteswerke. Dazu gehören Sprachwerke (wie etwa Bücher), Musikwerke, Filme und auch Computerprogramme. Damit das Urheberrecht greift, muss ein schöpferisches Eigenpotenzial nachgewiesen werden, das heißt es muss gezeigt werden, dass das Produkt selbst erfunden beziehungsweise erschaffen wurde und keine Nachbildung darstellt. Gerade für Gründer ist es ratsam, die eigene Idee in eine urheberrechtlich relevante Form zu bringen. Das bedeutet, dass Sie ein konkretes Werk entstehen lassen müssen. Das kann ein Geschäftskonzept sein ebenso wie ein Businessplan. Das Entscheidende daran ist, dass Sie die an sich schutzunfähige Idee in einem durch das Urheberrecht geschützten Werk verwirklichen beziehungsweise verkörpern. Damit ist es auch anderen nicht erlaubt, Teile dieses Werkes zu kopieren oder zu veröffentlichen. Zugleich können Sie durch eine notarielle Hinterlegung Ihres Werkes klar nachweisen, wann Sie Ihre Idee zunächst schriftlich fixiert haben. Dies ist besonders in Rechtsstreitigkeiten wichtig, in denen die Frage geklärt werden muss, wer zuerst eine Idee umgesetzt hat. Das Urheberrecht gilt in Deutschland bis 70 Jahre nach dem Tod des Schöpfers. Auch wenn das Urheberrecht dahingehend einen gewissen Schutz bietet, so kann es nach wie vor nicht die Idee an sich schützen. Sollte also jemand anderes sich durch Ihr Konzept inspirieren lassen, kann er Ihre Idee in abgeänderter Form trotzdem umsetzen.[14]

DIE SCHÖPFUNGSHÖHE IHRER IDEE STEIGERN

Versuchen Sie, aus Ihrer Idee ein Werk entstehen zu lassen. Konkret heißt das, dass Sie alle Aspekte Ihrer Idee – vom Namen bis zur Umsetzung – frühzeitig aufschreiben. Das muss noch lange kein ausgefeilter Businessplan sein. Orientieren Sie sich einfach an den in Ihrem Ideenhandbuch festgehaltenen Grundlagen und erweitern Sie diese um alle Ihnen bis jetzt zugänglichen Aspekte. Wenn Sie eine Art Strategiepapier entworfen haben, können Sie dieses bereits für wenig Geld notariell hinterlegen lassen. So haben Sie einen sicheren Nachweis für die Umsetzung Ihrer Idee in einen konkreten Plan.

Das Markenrecht

Wer eine Geschäftsidee hat, benötigt für sie auch einen Namen und eine anschauliche Darstellung durch Identifizierungssymbole. Der Markenname kann und wird sehr wichtig für die Marktplatzierung und den Wiedererkennungswert Ihres Produkts sein. Wir alle kennen das aus unserem täglichen Einkaufsverhalten: Wir greifen eher zu bestimmten Produkten und Marken, weil wir sie mit einer hohen Qualität verbinden. Das Markenrecht bietet in dieser Hinsicht den Schutz für Herkunftszeichen jeglicher Art. Für Sie heißt das, dass Sie sich früh mit möglichen Markennamen für Ihre Idee befassen sollten. Je eingängiger der Name, desto größer ist der Wiedererkennungswert. Wenn Sie Ihre Marke zugleich frühzeitig eintragen, entziehen Sie möglichen Nachahmern die Basis. Auch für einen Comic-Zeichner bedeutet das zum Beispiel, dass er den Titel oder die Hauptfigur seines Cartoons als Text- und Bild-Marke eintragen lassen sollte.

Eine Marke – so definiert es das Deutsche Patent- und Markenamt (DPMA, www.dpma.de) – dient der Kennzeichnung von Waren oder Dienstleistungen. Schutzfähig sind Zeichen, die dazu dienen, Waren oder Dienstleistungen eines Unternehmens von denen anderer Unternehmen zu unterscheiden. Schutzfähige Zeichen sind zum Beispiel Wörter, Buchstaben, Zahlen, Abbildungen, aber auch Farben und Hörzeichen. Der nationale Markenschutz entsteht durch eine Registrierung beim Deutschen Patent- und Markenamt. Vor der Eintragung muss die Anmeldung erfolgen. Grundsätzlich kann jeder eine Marke anmelden, auch Privatpersonen – Sie müssen also kein Unternehmen führen oder eine bestimmte Gesellschaftsform vorweisen.

Markenschutz kann übrigens auch schon durch Verkehrsgeltung infolge intensiver Benutzung eines Zeichens im Geschäftsverkehr oder durch notorische Bekanntheit entstehen, was aber keine zuverlässige Größe ist. Wenn Webseiten oder Briefpapier, Werbemedien und Messeauftritte dokumentiert werden, kann eine solche intensive Benutzung vorliegen. Im Zweifelsfall ist der Grad der Intensität jedoch Auslegungssache. Auf die Verkehrsgeltung – die „kleine Schwester" der Markenanmeldung – zu setzen, kann also riskant sein.

VERKEHRSGELTUNG

Ein Zeichen hat als Marke Verkehrsgeltung erlangt, wenn ein nicht unerheblicher Teil der angesprochenen Verkehrskreise es für bestimmte Waren oder Dienstleistungen einem bestimmten Unternehmen als Herkunftshinweis zuordnet. (Quelle: DPMA)

Mit der Eintragung einer Marke erwerben Sie das alleinige Recht, die Marke für die geschützten Waren und/oder Dienstleistungen zu benutzen. Als Markeninhaber

MARKENGEBÜHREN IM ÜBERBLICK

Die Anmeldegebühr beim Deutschen Patent- und Markenamt beinhaltet die Gebühr für drei Waren- oder Dienstleistungsklassen. Für jede weitere Klasse ist die Klassengebühr zu zahlen.

Die Anmeldegebühr und eventuelle Klassengebühren sind Antragsgebühren, die mit der Antragstellung und Zahlung (unabhängig vom Ausgang des Markeneintragungsverfahrens) verfallen. Das heißt, die Antragsgebühren können zum Beispiel bei Rücknahme der Markenanmeldung nicht zurückgezahlt werden.

Eine Rückzahlung von Gebühren erfolgt lediglich bei Zahlung ohne Rechtsgrund. Bitte beachten Sie, dass hier eine Erstattungsgebühr in Höhe von 10,00 Euro einbehalten wird.

Der Schutz einer Marke gilt zunächst für zehn Jahre. Durch Zahlung der Verlängerungsgebühr können Sie die Schutzdauer um jeweils weitere zehn Jahre verlängern.

Gebührenart	Euro
Anmeldegebühr (einschließlich der Klassengebühr bis zu drei Klassen)	300,00 Euro
Anmeldegebühr bei elektronischer Anmeldung (einschließlich der Klassengebühr bis zu drei Klassen)	290,00 Euro
Klassengebühr bei Anmeldung (für jede Klasse ab der vierten Klasse)	100,00 Euro
Beschleunigte Prüfung der Anmeldung	200,00 Euro
Verlängerungsgebühr (einschließlich der Klassengebühr bis zu drei Klassen)	750,00 Euro
Klassengebühr bei Verlängerung (für jede Klasse ab der vierten Klasse)	260,00 Euro
Widerspruchsgebühr	120,00 Euro
Löschungsgebühr wegen Nichtigkeit aufgrund absoluter Schutzhindernisse	300,00 Euro
Löschungsgebühr wegen Verfalls	100,00 Euro
Rückerstattungsgebühr	10,00 Euro

(Quelle: DPMA)

können Sie Ihre Marke jederzeit verkaufen und veräußern. Überdies können Sie ein Nutzungsrecht an Ihrer Marke einräumen – eine sogenannte Markenlizenz.

Anders als das Urheberrecht besteht das Markenrecht allerdings nicht automatisch, sondern muss für die einzelne Marke beim Deutschen Patent- und Markenamt angemeldet werden. Dabei gilt der Markenschutz zunächst für zehn Jahre und kann dann jeweils immer für weitere zehn Jahre verlängert werden.

WIE KANN ICH MIR EINE WEB-DOMAIN SICHERN?

Da zu einem neuen Produkt heute selbstverständlich eine Internetpräsenz gehört, sollten Sie sich rechtzeitig eine passende Domain sichern.

Auf www.denic.de befindet sich die zentrale Registrierstelle für .de-Domains. de-Domains können Sie auch über Internetservice-Provider wie zum Beispiel www.strato.de beziehen. Durch die große Anzahl von bereits registrierten .com- und .de-Domains lohnt sich auch der Blick auf .net- oder .org-Domains.

Es macht durchaus Sinn, sich sogenannte „Vertipper-Domains" zu sichern. Damit sind leicht abgeänderte Schreibweisen Ihrer Marke gemeint, die auch bei der Falscheingabe des Namens zu Ihrem Angebot führen und zugleich bei Google für ein besseres Ranking sorgen. Wichtig ist, dass Sie dort entsprechende Weiterleitungen auf die richtige Adresse einrichten.

Patente und Gebrauchsmuster

Prüfen Sie zunächst, ob Ihre Idee patentfähig ist. Als Erfindungen im Sinne eines Patents gelten zum einen Erzeugnisse wie etwa Maschinen und Arzneimittel, zum anderen auch Verfahren etwa zur Herstellung eines Produkts. Dabei bietet der Patentschutz ein hohes Schutzniveau, das Verfahren zur Anmeldung ist jedoch langwierig und darüber hinaus auch sehr kostspielig – insbesondere – wenn man anwaltliche Hilfe beansprucht.

Fragen Sie sich, ob es sich bei Ihrer Erfindung um eine wirkliche Neuheit handelt – eine, die der Markt in dieser Form noch nicht kennt. Dabei orientieren Sie sich an der breiten Palette sämtlicher Bekanntmachungen aus Publikationen, Vorträgen oder Diskussionen. Anschließend tasten Sie sich weiter vor: Hätte das handwerkliche Geschick eines begabten Fachmanns ausgereicht, diese bestimmte Lösung zu finden, oder übersteigt die erfinderische Höhe beziehungsweise der nötige Einfallsreichtum in entscheidender Weise das Können eines gewöhnlichen Experten? Alltägliche Gebrauchsgegenstände wie der Reißverschluss und der Abreißöffner von Getränkedosen (Ring Pull) beziehungsweise der heute genutzte Dosenöffner (Stay-On-Tab) von Cola, Limo und Co. sind echte Innovationen – auch, wenn sie für uns recht simpel erscheinen. Ihre Patentfähigkeit hat eine weitere wichtige Hürde genommen – nämlich die, dass sie

PATENTGEBÜHREN IM ÜBERBLICK

Die Jahresgebühren verringern sich bei Lizenzbereitschaft nach § 23 Abs. 1 PatG jeweils um die Hälfte. Bitte beachten Sie:

1. Wird die Anmeldegebühr nicht innerhalb von drei Monaten nach Einreichung der Anmeldung gezahlt, so gilt die Anmeldung als zurückgenommen (§ 6 Abs. 2 PatKostG). Außer der Empfangsbescheinigung wird keine weitere Gebührenbenachrichtigung versandt.
2. Für jedes Patent und jede Anmeldung ist unaufgefordert bei Beginn des dritten und jedes folgenden Jahres, gerechnet vom Anmeldetag an, eine Jahresgebühr nach dem Patentkostengesetz zu entrichten.
3. Wird die Jahresgebühr nicht, nicht rechtzeitig oder nicht vollständig gezahlt, gilt die Anmeldung als zurückgenommen beziehungsweise erlischt das Patent.

Gebührenart	Euro
Anmeldegebühr bei elektronischer Anmeldung (inklusive 10 Patentansprüche)	40,00 Euro
- für jeden weiteren Anspruch erhöht sich die Gebühr um	20,00 Euro
Anmeldegebühr bei Anmeldung in Papierform (inklusive 10 Patentansprüche)	60,00 Euro
- für jeden weiteren Anspruch erhöht sich die Gebühr um	30,00 Euro
Rechercheantragsgebühr	300,00 Euro
Prüfungsgebühr nach gestelltem Rechercheantrag	150,00 Euro
Prüfungsgebühr ohne vorherigen Rechercheantrag	350,00 Euro
Jahresgebühr 3. Patentjahr	70,00 Euro
Jahresgebühr 4. Patentjahr	70,00 Euro
Jahresgebühr 5. Patentjahr	90,00 Euro
Jahresgebühr 6. Patentjahr	130,00 Euro
Einspruchsverfahren	200,00 Euro

Quelle: DPMA (Stand: 1. April 2014)

gewerblich genutzt werden dürfen. Bestimmte Verfahren zur chirurgischen oder therapeutischen Behandlung von Menschen oder Tieren würden vom Gesetz her abgelehnt werden. Laut EU-Richtlinie über den rechtlichen Schutz biotechnologischer Erfindungen kann es zu Einschränkungen der Patentierbarkeit kommen, die vor allem moralisch-ethischen Abwägungen geschuldet sind. Nichtsdestoweniger können Sie beim Deutschen Patent- und Markenamt natürlich unterschiedliche technische Ideen anmelden. Bei Genehmigung fallen sie unter das Patent- und Gebrauchsmusterrecht.

Eine technische Innovation kann auch durch ein Gebrauchsmuster erlangt werden. In diesem Fall prüft das Patentamt nicht die materiellen Voraussetzungen – wodurch eine Eintragung wesentlich einfacher und damit kostengünstiger ist. Allerdings handelt es sich beim Gebrauchsmusterrecht nur um ein sogenanntes Scheinrecht, da mit der Anmeldung nicht geprüft wird, ob das Gebrauchsmuster wirklich neu ist und eine erfinderische Komponente beinhaltet. Hinzu kommt, dass ein Gebrauchsmuster nur bis zu zehn Jahre geschützt wird, während ein Patent für maximal 20 Jahre erteilt werden kann. In diesem Zeitraum darf die technische Erfindung grundsätzlich nicht ohne Erlaubnis des Ideengebers genutzt werden – es sei denn im privaten Gebrauch oder zu Forschungszwecken.

Das Patent stellt die klassische Schutzmöglichkeit für Bastler dar, die technische Geräte entwickeln und diese schützen lassen wollen. Anders als das garantierte Urheberrecht oder das Recht auf den Schutz

GEBÜHREN FÜR GEBRAUCHSMUSTER IM ÜBERBLICK

Gebührenart	Euro
Anmeldegebühr bei elektronischer Anmeldung	30,00 Euro
Anmeldegebühr bei Anmeldung in Papierform	40,00 Euro
Recherchegebühr (für Eintragung nicht erforderlich)	250,00 Euro
1. Aufrechterhaltungsgebühr nach 3 Jahren	210,00 Euro
2. Aufrechterhaltungsgebühr nach 6 Jahren	350,00 Euro
3. Aufrechterhaltungsgebühr nach 8 Jahren	530,00 Euro
Löschungsantrag	300,00 Euro

Quelle: DPMA

einer Marke stellt ein Patent eine Art Vertrag dar. Dieser beinhaltet die Belohnung des Patentanmelders für dessen Innovationskraft durch die Gewährung eines Monopols in Form des Patentschutzes. Das Monopol ist allerdings zeitlich begrenzt. Zugleich muss die Erfindung der Öffentlichkeit zugänglich gemacht werden. Auch wenn international unterschiedliche Wege zur Patenterteilung existieren, so basieren sämtliche Patentgesetze weltweit auf dem Prinzip der Veröffentlichung der Patentschriften. In Deutschland etwa wird die Patentanmeldung 18 Monate nach dem Anmeldetag publiziert. Es handelt sich also um einen Deal zwischen dem Erfinder und dem Staat: Ersterer erhält für die Veröffentlichung seiner Innovation einen Schutz. Der Staat wiederum profitiert von der Erfindung, da durch die zeitliche Limitierung des Patents eine Weiterentwicklung durch Dritte ermöglicht wird und zugleich der wissenschaftliche Aufwand des Erfinders als gesellschaftlicher Mehrwert anerkannt wird.

Stellen Sie sich vor, es gäbe keinen Patentschutz. Das würde dazu führen, dass viele geniale Ideen schlicht nicht umgesetzt würden, da einerseits die Entwicklungskosten und -mühen sehr hoch sind und andererseits die Angst vor der Nachahmung dazu führen würde, dass die Öffentlichkeit lange Zeit nichts von der Erfindung erfährt beziehungsweise erfahren soll. Aber: Ein Patent muss auch einen Nutzen haben. Ein Produkt ist nämlich nur dann innovativ und erfolgreich, wenn es einen Nutzen bringt und umgekehrt. Ein Patent sollte grundsätzlich den Anspruch haben, eine allgemeine Verbesserung beziehungsweise Erleichterung zu ermöglichen und dabei allen zugänglich sein. Das

Werner Lang (1922–2013)

Werner Lang gilt als der **Erfinder des Trabants**, dem „Volkswagen der DDR". Heute steht der Trabant für die technologische Unterlegenheit der DDR im Vergleich zur BRD. Zu Unrecht! In den 1960er-Jahren hatte das Ingenieursteam um Lang das Nachfolgemodell, den P 603, zur Produktionsreife entwickelt. Im Design wäre der P 603 dem VW Golf um einige Jahre zuvorgekommen. Politbüromitglied Günther Mittag, verantwortlich für Investitionen in der DDR, hatte jedoch etwas dagegen. Er war laut Werner Lang der Meinung, dass die Vorläufermodelle des P 603 für die DDR-Bevölkerung ausreichend waren. Das Projekt wurde auf Eis gelegt und Werner Lang nach offiziellem Protest gegen diese Entscheidung für zwei Jahre in einen anderen Betrieb strafversetzt.

Der Trabant, ein politisch verordneter „Dauerläufer"

Beispiel des US-amerikanischen Biotechnologiekonzerns Monsanto zeigt, dass dies nicht immer der Fall ist: Dieser hat mittlerweile angefangen, sowohl auf Pflanzen als auch auf Saatgut aus herkömmlicher Zucht Patente anzumelden. Damit stellt Monsanto weltweit die Rechte von Landwirten und Bauern infrage.

Das Geschmacksmusterrecht

Eine andere Möglichkeit insbesondere zum Schutz von bestimmten Gestaltungen, wie etwa in der Mode- oder Möbelbranche bietet das Geschmacksmusterrecht. Damit können Sie Produktdesigns im Hinblick auf ihre Form und Farbe schützen. Da bei der Anmeldung eines Geschmacksmusters beim DPMA keine materiellen Schutzanforderungen des Musters geprüft werden, ist die Eintragung relativ schnell erledigt und mit geringen Kosten verbunden.

RECHTLICHE GRUNDLAGEN ZUM SCHUTZ VON INNOVATIONEN

- Vertrauliche Dokumente, Geschäftsgeheimnisse wie etwa Modelle oder Schablonen werden durch das **Gesetz gegen unlauteren Wettbewerb** (UWG) geschützt. Unter diesen Schutz fallen auch Konzepte und Businesspläne.
- Werke der Kunst, der Literatur und der Wissenschaft werden durch das **Urheberrecht** geschützt. Dazu zählen insbesondere Sprachwerke (zum Beispiel Texte, Computerprogramme), aber auch Bilder, Grafiken, Zeichnungen, Pläne, Datenbanken und plastische Darstellungen.
- Titel und Namen können **als Marke eingetragen** und damit geschützt werden.
- Technische Erfindungen können **als Patent oder Gebrauchsmuster** angemeldet werden.
- Äußere Erscheinungsformen, zum Beispiel Designs von Erzeugnissen, können **als Geschmacksmuster** geschützt werden.

GEBÜHREN (ANMELDEGEBÜHREN) FÜR DAS DESIGN IM ÜBERBLICK

Hinweis: Wird die Anmeldegebühr nicht innerhalb von drei Monaten nach dem Eingang der Anmeldung gezahlt, gilt die Anmeldung gemäß § 6 Abs. 2 PatKostG als zurückgenommen.

Bei einer Schutzdauer von zunächst fünf Jahren (mit Bekanntmachung der Wiedergabe des Designs)

Einzelanmeldung eines Designs	bei elektronischer Anmeldung	60 Euro
	bei Papieranmeldung	70 Euro
Sammelanmeldung	bei elektronischer Anmeldung	6 Euro
	- je Design	mindestens jedoch 60 Euro
	bei Papieranmeldung	7 Euro
	- je Design	mindestens jedoch 70 Euro

Bei einer Schutzdauer von zunächst 30 Monaten (Aufschiebung der Bekanntmachung der Wiedergabe des Designs)

Einzelanmeldung eines Designs	30 Euro
Sammelanmeldung	3 Euro
- je Design	mindestens jedoch 30 Euro

(Quelle: DPMA)

Patente, Marken und Designs – Kosten und Antragsstellung

Ob Sie ein Patent, eine Marke oder ein Geschmacksmuster anmelden sollten, hängt davon ab, mit welchen (finanziellen) Mitteln Sie Ihre Idee schützen wollen und können.

Wollen Sie Ihr Konzept auf einer Messe an größere Firmen verkaufen oder Ihre Neuerungen nur in kleiner Stückzahl auf den Markt bringen, wird sich eine Patentanmeldung nicht auszahlen, weil das zu teuer wird. Im Vergleich mit Marken und Designs ist die Anmeldung eines Patents mit wesentlich höheren Kosten verbunden. Alleine die Anmeldung und Prüfung beim Deutschen Patentamt kostet etwa 700 Euro. Ab dem dritten Jahr nach Anmeldung fallen jährliche Kosten an, die bei 70 Euro beginnen und dann stark zunehmen, sodass nach 15 Jahren bereits 1 000 Euro und nach 20 Jahren 2 000 Euro Jahresgebühr fällig werden.

Hinzu kommt die lange Wartezeit bis zur Eintragung des Patents, denn zwischen Antragseinreichung und Erteilung des Patents können bis zu 2,5 Jahre vergehen. Falls Sie aber in größeren Dimensionen denken, macht zumindest die Anmeldung einer Marke oder eines Gebrauchsmusters Sinn. So kann kein Konkurrent mehr Ihren Namen nutzen beziehungsweise können Sie gegen eine unrechtmäßige Nutzung Ihres Markennamens klagen. Das gleiche gilt auch für von Ihnen erfundene Designs.

Unter Umständen ist es daher sinnvoll, statt eines Patents das schnellere und günstigere Gebrauchsmuster anzumel-

Andreas Pavel (*1945)
Andreas Pavel stellte 1976 auf eine Messe in Düsseldorf Vertretern von Phillips und Sony seine Pläne für eine tragbaren Hi-Fi-Anlage vor. Die großen Unternehmen bekundeten kein Interesse, entwickelten aber heimlich die Idee weiter. 1979 brachte Sony dann **den ersten Walkman** auf den Markt. Pavel versuchte zu kontern und stellte 1980 den „Stereobelt" der Öffentlichkeit vor. Da war es jedoch schon zu spät – der „Stereobelt" konnte sich gegen den Walkman nicht mehr durchsetzen. Vollends ruinierte sich Pavel anschließend mit Urheberrechtsklagen gegen Sony – er verlor den Prozess und musste Gerichtskosten von 3 Millionen US-Dollar tragen. Erst 2004 einigten sich Pavel und Sony auf einen finanziellen Ausgleich in unbestimmter Höhe.

den, welches ab 280 Euro zu bekommen ist. Dabei gilt es allerdings zu bedenken, dass ein Gebrauchsmuster nicht auf seine Neuheit geprüft wird. Sollte dieses Produkt also schon existieren und ein Mitbewerber das alleinige Nutzungsrecht besitzen, kann er gegen die unrechtmäßige Nutzung durch andere klagen.

Anlaufstelle für die Anmeldung bei allen Schutzformen in Deutschland ist das nationale Marken- und Patentamt in München. Schutzwürdige Werke, die als Marke, Muster oder Patent angemeldet werden sollen, durchlaufen einen Prüfungsprozess.

Für eine Patenterteilung zum Beispiel müssen im Antrag neben der detaillierten Beschreibung des Patents zusammen mit Zeichnungen oder Skizzen die Patentansprüche der Innovation deutlich gemacht werden.

Daneben besteht allerdings auch die Möglichkeit einer provisorischen Patentanmeldung. Zur Formulierung des Antrags ist hier zunächst kein Patentanwalt nötig, und die Formulierungen zur Beschreibung des Patents müssen nicht hochprofessionell sein. Durch den frühen Einreichungstermin kann so sichergestellt werden, dass einem niemand zuvorkommt. Innerhalb eines Jahres nach Anmeldung des provisorischen Patents muss allerdings eine vollständige Patentanmeldung vorgenommen werden. Dazu gehören ein Funktionsmuster und ein Prototyp der Erfindung.

Durch das Patentamt erfolgt eine Prüfung der formalen Voraussetzungen und damit verbunden die Klärung, ob der zur Patentierung angemeldete Gegenstand überhaupt patentfähig ist. Erst nach der Stellung eines Recherche- und/oder Prüfungsantrags (und der damit verbundenen Bezahlung der erforderlichen Gebühren) erfolgen weitergehende Untersuchungen: Sie müssen feststellen, ob das vorhandene Patent so oder in ähnlicher Form bereits existiert. Die Kosten für die Recherche betragen 300 Euro, für den Prüfungsantrag je nach Antragsform 150 Euro oder 350 Euro.[16] Für die Einreichung eines Prüfungsantrags hat der Patenterfinder bis zu sieben Jahre ab Einreichung des Erstantrags Zeit. Wenn alles gut geht, erfolgt schließlich ein Patenterteilungsbeschluss. Falls der Patentantrag zurückgewiesen wird, besteht immer noch die Möglichkeit einer Beschwerde. Über sie entscheidet das Bundespatentgericht.[17]

INTERVIEW **Der Wert von Schutzrechten – nachgehakt bei Prof. Rido Busse**

1977 entdeckte Rido Busse auf der Frühjahrsmesse in Frankfurt auf dem Stand eines Herstellers aus Hong Kong ein offensichtlich exaktes Plagiat der Brief- und Diätwaage Nr. 8600 der Firma Soehnle-Waagen aus Murrhardt.

Das Original war von der busse design ulm gmbh komplett entwickelt und 1965 von Soehnle auf den Markt gebracht worden. Verkaufspreis im Laden: 26 DM. Der chinesische Hersteller aus Hong Kong bot das Plagiat im Dutzend billiger an: Sechs Stück für 24 DM, das heißt Ladenpreis unter 10 DM. Das war der Anlass für die Vergabe eines Negativpreises und dessen Bekanntmachung über Presse, Funk und Fernsehen, um die Öffentlichkeit und vor allen Dingen den Gesetzgeber auf diesen Missstand aufmerksam zu machen. Seitdem wird der Plagiarius jedes Jahr verliehen. Gekürt werden die dreistesten Plagiate. Bereits seit 1977 vergibt die Aktion Plagiarius e. V. jährlich den Negativpreis „Plagiarius" an Hersteller und Händler besonders dreister Nachahmungen. Ziel des Vereins ist es, die unlauteren Geschäftspraktiken sowohl von Markenfälschern als auch von Plagiatoren, die geistiges Eigentum Anderer klauen und als eigene kreative Leistung ausgeben, ins öffentliche Licht zu rücken. Darüber hinaus sollen Industrie, Politik und auch die Verbraucher für das Problem der Produkt- und Markenpiraterie sensibilisiert werden. Trophäe des Negativpreises ist ein schwarzer Zwerg mit goldener Nase – als Symbol für die exorbitanten Profite, die die Produktpiraten sprichwörtlich auf Kosten kreativer Designer und innovativer Markenhersteller erwirtschaften.

? Wie hoch ist der Gesamtschaden, der durch Plagiate erzielt wird?

„ Allein 2012 haben die europäischen Zollbehörden an den EU-Außengrenzen knapp 40 Millionen rechtsverletzende Artikel im Wert von einer Milliarde Euro beschlagnahmt und erfolgreich aus dem Verkehr gezogen. Und das ist nur die Spitze des Eisbergs, denn der Zoll kann Container, Postsendungen etc., die aus Drittländern in die EU kommen, nur stichprobenartig prüfen. Betroffen sind inzwischen fast alle Branchen: Von Luxus- und Konsumgütern über Kinderspielzeug, Medikamente, Kosmetika und Lebensmittel bis hin

zu Werkzeugen, Automobilzubehör sowie Maschinen und Geräten.
Fakt ist: Unlautere Plagiate und Fälschungen schwächen massiv die Innovationskraft renommierter Markenhersteller und gefährden Wettbewerbsfähigkeit und Arbeitsplätze – insbesondere auch im Mittelstand. Denn: Von einer ersten guten Idee bis hin zum marktfähigen Endprodukt ist es ein langwieriger und kostenintensiver Prozess. Bei jeder Produktentwicklung gehen innovative Unternehmen finanziell in Vorleistung – dieses unternehmerische Risiko muss sich lohnen. Der Schaden liegt dabei nicht nur im entgangenen Gewinn. Hinzu kommen oftmals die Kosten für die (gerichtliche) Durchsetzung der Ansprüche aus eingetragenen gewerblichen Schutzrechten sowie gegebenenfalls Kosten zur Abwehr von unberechtigten Produkthaftungsklagen und/oder für Werbemaßnahmen, um den guten Ruf nach einem entstandenen Imageverlust wiederherzustellen.
Neben den betroffenen Markenherstellern gibt es noch weitere Geschädigte: Plagiate und Fälschungen gibt es heutzutage in allen Preis- und Qualitätsabstufungen. Bei Billigkopien, die aber nach wie vor die Märkte überschwemmen, setzen die Fälscher auf schnelle Gewinnmaximierung. Oftmals verwenden sie minderwertige Materialien, verzichten auf Qualitäts- und Sicherheitskontrollen, produzieren unter menschenunwürdigen Arbeitsbedingungen und setzen billigend die Gesundheit der Fabrikarbeiter sowie der Verbraucher aufs Spiel.

? Sorgen die Schutzrechte wie Markenrecht und Patentrecht wirklich für absolute Sicherheit für meine Innovationen?

„“ 100% Sicherheit gibt es nicht. Grundsätzlich (mit einigen wenigen Ausnahmen) gilt in Deutschland sowie in vielen anderen Ländern Nachahmungsfreiheit. Folglich sind Plagiate und Fälschungen zwar dreist, aber zunächst legal. Nur wer für seine Waren und Dienstleistungen gewerbliche Schutzrechte – wie zum Beispiel Patent, Gebrauchsmuster, Design oder Marke – bei den zuständigen Ämtern anmeldet, hat eine rechtliche Grundlage. Die Schutzrechte an sich schützen dabei zwar nicht vor Nachahmungen, sie bilden aber die juristische Basis, um Plagiatoren zur Rechenschaft zu ziehen und Ansprüche wie zum Beispiel Unterlassung oder Schadenersatz geltend machen zu können. Wir empfehlen Kreativen daher dringend die Anmeldung gewerblicher Schutzrechte. Diese geben die Möglichkeit, Dritte von der Nutzung der Marke, des Designs oder

der technischen Entwicklung auszuschließen. Zu beachten ist, dass gewerbliche Schutzrechte dem Territorialitätsprinzip unterliegen, das heißt sie sind regional begrenzt, und so muss der Rechteinhaber jeweils in allen für ihn relevanten Ländern Schutz beantragen. Die Durchsetzungsmöglichkeiten sind heutzutage in vielen Ländern gut – eine Garantie gibt es aber nicht. Manchmal ist „Recht haben" und „Recht bekommen" zweierlei.
Gewerbliche Schutzrechte sind auch Voraussetzung für die Zusammenarbeit mit dem Zoll in Form der sogenannten Grenzbeschlagnahme, einem sehr effektiven Instrument, um illegale Nachahmungen bereits an den Außengrenzen abzuwehren. Damit der Zoll aktiv wird, müssen Unternehmen einen entsprechenden Antrag stellen.

? Hat sich durch Ihre Aktion im Bewusstsein der Hersteller etwas geändert?

" Mit unseren intensiven PR-Aktivitäten – vom Wettbewerb, über Pressearbeit, Ausstellungen, Fachseminare, Vorträge und Verbraucherevents bis hin zur Dauerausstellung im Museum Plagiarius in Solingen – haben wir verschiedenste Zielgruppen erreicht. Nicht nur Kreativschaffende und Unternehmen, sondern auch Politik und Gesetzgeber sowie die Verbraucher. Da Märkte den Gesetzmäßigkeiten von Angebot und Nachfrage unterliegen, trägt jeder Konsument eine erhebliche Mitverantwortung. Im Museum Plagiarius zeigen wir mehr als 350 Originale und Plagiate der unterschiedlichsten Branchen im direkten Vergleich. Wir vermitteln wichtige Hintergrundinformationen und können so die Öffentlichkeit praxisnah für die Problematik sensibilisieren und zum Umdenken anregen.
Zudem verstehen wir uns als Multiplikator für betroffene Firmen, und de facto zeigt der hohe Bekanntheitsgrad des Plagiarius regelmäßig seine positive, das heißt abschreckende Wirkung: Zahlreiche Nachahmer haben sich in den letzten Jahren mit den Originalherstellern geeinigt, das heißt sie haben zum Beispiel Restbestände der Plagiate vom Markt genommen, Unterlassungserklärungen unterschrieben und Lieferanten preisgegeben.
Zudem ist das Bewusstsein der Firmen bezüglich der Bedeutung von gewerblichen Schutzrechten deutlich gestiegen. Wir empfehlen Betroffenen nach außen ganz klar zu signalisieren, dass sie Nachahmungen nicht akzeptieren, sondern aktiv mit allen Mitteln bekämpfen.

Internationale Schutzrechte in Europa und der Welt

In den letzten Jahren ist in Bezug auf den internationalen Schutz von Marken und Patenten viel geschehen. Mit dem Europäischen Patentamt und der Weltorganisation für geistiges Eigentum existieren zwei Einrichtungen, die für die internationale Registrierung von Designs, Marken und Patenten zuständig sind.

Das Europäische Patentamt (EPA) hat seinen Sitz in München. Als zwischenstaatliche Einrichtung kann das EPA Ihnen Patente für alle EU-Staaten und einige weitere Länder wie die Schweiz, Norwegen und die Türkei erteilen. Diese Ausdehnung hat allerdings ihren Preis. Neben den Anmeldegebühren, die entweder 120 Euro (Onlineanmeldung) oder 210 Euro (in Papierform) betragen, liegt alleine schon die Recherchegebühr des Amtes bei 1 200 Euro. Nach erfolgter Recherche zum Stand der Technik schlägt die Prüfungsgebühr mit 1 600 Euro zu Buche. Hinzu kommen zahlreiche weitere Gebühren – etwa für den Druck der Patentschrift und die formale Anerkennung des Patents in den einzelnen Ländern. Auch wenn das EPA ein einheitliches Erteilungsverfahren für die betreffenden Länder garantiert, müssten Sie dennoch Gebühren für die Anerkennung in jedem einzelnen Land entrichten. So sammeln sich schnell Patentierungskosten von mehreren tausend Euro an.[18]

Mit dem Patent-Kooperationsvertrag (englisch: Patent Cooperation Treaty, kurz PCT) der Weltorganisation für geistiges Eigentum (englisch: World Intellectual Property Organization, kurz: WIPO),können Sie für alle 140 Mitgliedsstaaten einen Anmeldeantrag für Ihr Patent stellen. Einen solchen Antrag reichen Sie beim Europäischen Patentamt ein. Diese Anmeldung erspart Ihnen zwar das Stellen eines Antrags in jedem einzelnen Mitgliedsland, aber es handelt sich dabei nicht um ein

Genehmigungsverfahren, an dessen Ende ein international gültiges Patent steht. Das PCT-Verfahren ist ebenso wie die Anmeldung beim EPA nur eine Vorstufe für die regionale beziehungsweise nationale Erteilung eines Patents. Zugleich entstehen auch hier sehr hohe Kosten in Höhe von mehreren tausend Euro – wobei die endgültige Patentierung in den Mitgliedsländern der WIPO weitere Mehrkosten verursacht (eine Gebührenübersicht finden Sie auf der Webseite der WIPO: www.wipo.int/export/sites/www/pct/en/fees.pdf).

Auch im Bereich des Markenschutzes besteht durch die Gemeinschaftsmarke die Möglichkeit, einen einheitlichen Schutz für alle Mitgliedsstaaten der Europäischen Union zu erwirken. Dieser ist zunächst auf zehn Jahre befristet und lässt sich fortlaufend um jeweils weitere zehn Jahre verlängern. Die Grundgebühr für die Anmeldung einer Gemeinschaftsmarke beträgt dann allerdings 900 Euro, sofern dies online geschieht. Auf Basis des Madrider Markenabkommens ist es außerdem möglich, eine Marke in ein internationales Register eintragen zu lassen. Über das Deutsche Patent- und Markenamt wird der Antrag an die WIPO weitergeleitet. Neben den Kosten für die internationale Anmeldung, die bei etwa 800 Euro liegen, müssen zusätzlich noch 180 Euro an das Deutsche Patentamt überwiesen werden. Auch hier gilt der Schutz für zunächst zehn Jahre und kann fortlaufend erneuert werden.

WANN ES SICH LOHNT SCHUTZRECHTE ANZUMELDEN

Anhand der Kosten für die verschiedenen Schutzmöglichkeiten zeigt sich vor allem: Es muss ein beachtlicher finanzieller sowie auch organisatorischer Aufwand betrieben werden, um ein Patent, ein Design oder eine Marke schützen zu lassen. Hinzu kommt ein weiterer Aspekt: Sie haben zwar Ihre Marke offiziell geschützt, das bedeutet aber noch lange nicht, dass jeder diesen Schutz respektiert. Was passiert zum Beispiel, wenn in den USA ein Plagiat Ihres Erzeugnisses auftaucht, obwohl Sie es dort ebenfalls geschützt haben? Ohne einen Anwalt werden Sie nicht gegen die Nachahmer vorgehen können. Die Kosten für einen Rechtsstreit können dabei schnell in die Tausende gehen. Hinzu kommt die zeitliche Belastung. Wenn also klar ist, dass Sie gar nicht die Ressourcen für eine rechtliche Auseinandersetzung besitzen, dann macht die Anmeldung eines Patents keinen Sinn. Vor allem, wenn Sie den finanziellen Aufwand für internationale Anmeldungen bedenken, sollten Sie vorher ernsthaft klären, ob sich Aufwand und Ertrag für Sie decken können.

Das gilt in ähnlichem Umfang auch für den deutschen Binnenmarkt. Letztlich hängt alles von der Konzeption Ihrer Idee ab. Sie müssen sich ungefähr darüber klar sein, in welcher Größenordnung Sie Ihre Idee auf dem Markt platzieren wollen. Wenn Sie etwa ein Design für ein Sparschwein entwickelt haben und schon von vornherein wissen, dass Sie es nur in limitierter Stückzahl von etwa 500 Stück verkaufen wollen – dann lohnt sich zum Beispiel die Anmeldung einer Marke kaum. Auch stellt sich die Frage, ob eine gerichtliche Auseinandersetzung im Falle eines Plagiats Sinn machen würde.

Die entscheidende Frage im Umgang mit Schutzrechten lautet daher: Wie viel Geld haben Sie zur Verfügung, und in welchem Rahmen möchten Sie Ihre Idee umsetzen?

Die richtige Beratung erspart Zeit und Geld

Falls Sie sich entschieden haben, Ihre technische Erfindung oder eine Marke anzumelden: Ohne rechtlichen Beistand oder zumindest eine Beratung sollten Sie nicht einfach wild drauflosrennen – nur um noch heute Ihre Idee zu patentieren oder den Namen für Ihr Projekt zu schützen. Gerade für Patente gilt, dass die Entwicklung sehr aufwendig sein kann. Wenn eine Erfindung dann nicht nachvollziehbar oder, im Falle einer Prüfung durch das Amt, schlecht beschrieben wurde, ist die Gefahr einer Zurückweisung groß. Daher sollten Sie in jedem Falle zunächst die Angebote von kostenlosen Beratungen zum Patent- und Markenschutz nutzen. Unter anderem können Sie Rechtsanwälte konsultieren sowie Erfinderverbände oder Prüfämter hinzuziehen.

Grundsätzlich gilt dabei, dass der Schutz Ihrer Idee ohne eine rechtliche Begleitung nur schwer durchzuführen ist. Denken Sie daher auch unbedingt über den Abschluss einer Marken- und Patentrechtsschutzversicherung nach. Diese würde allerdings erst im Falle einer gerichtlichen Auseinandersetzung greifen. Für die Anwaltskosten zur Begleitung einer Patent- oder Markenanmeldung müssen Sie in der Regel selbst aufkommen.

WO KÖNNEN SIE SICH ZU PATENT- UND MARKENSCHUTZ KOSTENLOS BERATEN LASSEN?

- Das Deutsche Patent- und Markenamt bietet eine kostenlose Erstberatung durch einen Patentanwalt an. Die Auskunftsstellen des DPMA in München, Jena und Berlin informieren über die gewerblichen Schutzrechte, Anmeldewege und Verfahrensabläufe.
- Erfinder-Erstberatung durch Patentanwalt: Diese Veranstaltung wird kostenfrei von jedem Patentinformationszentrum mindestens einmal monatlich angeboten (www.piznet.de).
- Die Industrie- und Handelskammern (IHK) ermöglichen ebenfalls regelmäßig Beratungen zu Marken- und Patentschutz.

Durch Ideenschutz den eigenen Erfolg absichern: Mit dieser Formel lässt sich am besten die Wichtigkeit der Absicherung Ihres geistigen Eigentums beschreiben. Wenn Sie eine besondere Idee haben, dann ist diese auch besonders schützenswert. Mit der Bestandsaufnahme auf Seite 77 können Sie noch einmal die wesentlichen Aspekte dieses Kapitels nachvollziehen und für sich prüfen, ob Sie diese berücksichtigt haben.

INTERVIEW Ideen sicher schützen – nachgehakt bei Sebastian Wolff-Marting

Sebastian Wolff-Marting ist Fachanwalt für gewerblichen Rechtsschutz und Informationstechnologierecht. Er vertritt kleine und mittelständische Unternehmen sowie viele Mandanten aus freien Kreativberufen.

? Wie sicher kann ich Ideen unter den vorhandenen rechtlichen Rahmenbedingungen wirklich schützen?

„ Das hängt zunächst von der Art der Idee ab. Reine Geschäftsideen zum Beispiel sind nach deutschem und europäischem Rechtsverständnis nicht zu schützen. Ideen, die sich in Werken wie zum Beispiel Büchern, Architekturentwürfen oder Computersoftware manifestieren dagegen, sind durch das Urheberrecht geschützt, ohne dass der Urheber sich darum kümmern müsste.
Bleiben noch Ideen, die technischer oder gestalterischer Natur sind, sowie Marken. Diese Ideen kann man durch eine Anmeldung beim deutschen Patent- und Markenamt oder den entsprechenden internationalen Stellen für ei-

nen bestimmten Zeitraum schützen lassen. Dieser Schutz ist sehr effektiv, wenn das jeweilige Schutzrecht erteilt wird. Inhaber von Marken, Patenten und ähnlichen Schutzrechten haben sehr weitgehende Befugnisse, um gegen Rechteverletzer vorzugehen. Nicht zuletzt ist eine solche Rechtsverletzung auch eine Straftat, zumindest, wenn Vorsatz vorliegt. Aber auch gegen unabsichtliche Störungen kann man sich mit den Mitteln des Zivilrechts erfolgreich wehren.

? Wann sollte ich spätestens über den Schutz meiner Idee nachdenken?

“ Von Anfang an, weil es sonst ein anderer macht und ich dann im schlechtesten Fall meine eigene Idee nicht verwerten kann. Bei den technischen Schutzrechten wie dem Patent ist es zudem eine Bedingung für die erfolgreiche Anmeldung, dass diese erfolgt, bevor die Idee veröffentlicht oder vermarktet wird. Viele kleinere Unternehmen und Erfinder übersehen diese Bedingung und sind bitter enttäuscht, wenn eine nachträgliche Anmeldung nicht mehr möglich ist.

? Welchen Vorteil bietet es, Rechtsanwälte oder/und Patentanwälte mit ins Boot zu holen? Oder kann ich bis zu einem bestimmten Level erste Schutzmaßnahmen auch preiswert und eigenhändig selbst vornehmen?

“ Es ist theoretisch möglich, viele Schutzrechte ohne Mitwirkung eines Anwalts anzumelden. Es besteht allerdings die Gefahr, in teure und langwierige Rechtsstreitigkeiten verwickelt zu werden, wenn vor der Anmeldung nicht geprüft wird, ob die Idee nicht doch schon ein anderer vor einem selbst hatte. Das Risiko sollte man nicht unterschätzen.

? Reichen nationale Schutzrechte aus? Oder sollte man darüber hinausdenken?

“ Das hängt sehr von der Art der Idee und ihrer wirtschaftlichen Umsetzung ab. Wer ein Geschäft in Berlin eröffnet, braucht sicher keine Markenanmeldung in Übersee, und sie wäre auch zu teuer. Andererseits gewährt ein rein nationales Schutzrecht auch nur hier Schutz. Bei einer bahnbrechenden technischen Erfindung wäre es geradezu fahrlässig, diese nur in Deutschland zum Patent anzumelden – in allen anderen Ländern machen dann andere ganz legal das Geschäft, und der Erfinder schaut in die Röhre.

BESTANDSAUFNAHME

- ☐ Wen haben Sie in Ihre Idee eingeweiht?
- ☐ Wo und mit wem sprechen Sie über Ihre Idee?
- ☐ Wie viele Informationen sollten Sie potenziellen Konkurrenten preisgeben?
- ☐ Welche Möglichkeiten können Sie nutzen, um Ihre Idee schriftlich belegbar festzuhalten?
- ☐ Welche Form von Idee, Marke, technischer Neuerung oder Innovation wollen Sie anbieten?
- ☐ Ist diese Idee schon umgesetzt beziehungsweise dieses Produkt bereits patentiert worden?
- ☐ Kennen Sie die rechtlichen Grundlagen zum Schutz Ihrer Innovation?
- ☐ Haben Sie eine Rechtsberatung in Anspruch genommen?
- ☐ Auf welchen Märkten wollen Sie sich absichern?
- ☐ Kennen Sie die Kosten für den rechtlichen Schutz Ihrer Idee?
- ☐ Stehen Kosten und der zu erwartende Ertrag in einem adäquaten Verhältnis?

Wenn Sie Ihre Idee geschützt haben, kann es weitergehen. Der Zeitpunkt ist da, an dem Sie nun in die Arena der Öffentlichkeit treten können. Reden Sie über Ihre Idee und bringen Sie diese allmählich in die Welt!

WIE SIE IHRE IDEEN VERWERTEN

WAS SIE IN DIESEM KAPITEL ERWARTET …

Was nutzt Ihnen die beste Idee, wenn sie sich als fertiges Produkt nicht verkaufen lässt oder ihre Umsetzung kein Geld einbringt? Eine neuartige Idee braucht Menschen, die an sie glauben und bereit sind, diese zu nutzen oder in ihr Potenzial zu investieren.

Hier lernen Sie Wege kennen, um Ihre Idee zu realisieren. Dabei gilt: Egal ob Verkauf oder Entwicklung eines Geschäftsplans – die Grundlage für den Erfolg basiert immer auf Kommunikation. Sie müssen mit Ihrer Idee so viele Menschen wie möglich überzeugen.

Sie haben eine Marktanalyse durchgeführt und festgestellt, dass Ihre Idee eine Chance auf Erfolg hat? Experten Ihres Fachgebiets haben sich erstaunt gezeigt und Ihre Idee gelobt? Vertreter Ihrer Zielgruppe würden Ihr Produkt oder Ihre Dienstleistung sofort kaufen? Und: Sie haben Ihr Projekt bereits als Marke geschützt, Ihr Design als Geschmacksmuster registriert oder, nach langer Tüftelei an einem Prototypen, Ihre Idee mitsamt der technischen Dokumentation zum Patent angemeldet?

Dann sind Sie bereits sehr weit. Sie haben gezeigt, dass es Ihnen mit Ihrer Idee ernst ist und Sie „was draus machen" wollen. Sie können jetzt vor allem gelassener über Ihre Idee kommunizieren. Nicht jeden Gesprächspartner müssen Sie schon vor dem ersten Wort sofort eine Vertraulichkeitserklärung unterschreiben lassen. Sie können sich austauschen darüber, was jetzt mit Ihrer Idee passieren soll. Die Fähigkeit, ihre Pläne auch umzusetzen, unterscheidet die pragmatischen Ideenmacher von den Tagträumern mit fixen Geistesblitzen. Also heben Sie sich ab von Zauderern und Zögerern: Bringen Sie Ihre Ideen in die Welt und machen Sie was daraus!

-> schon in der Phase der Skizzenerstellung als Arbeitsschritte bzw. über dessen Kommunikation was angeboten wird: z.B. TE mit Preisen, die [illegible] Teil unter den [illegible] hinausmachen können!

Mit den bisherigen Schritten haben Sie bereits ein hohes Maß an professioneller Projektentwicklung gezeigt. Der nächste Schritt lautet: Finden Sie Wege, Ihre Idee zu verwerten. Genauer gesagt bedeutet das: Ihr bisheriger Aufwand würde sich kaum auszahlen, wenn Sie nicht fest überzeugt sind, dass sich aus Ihrer Idee auch der gewünschte Profit schlagen lässt. Diese Einstellung ist erstens vollkommen in Ordnung und macht Sie noch lange nicht zum bösen Kapitalisten.

Zweitens ist sie vernünftig. Denn mit allem, was Sie bisher geleistet haben, werden Sie bereits in Form von Zeitaufwand und Ausgaben sehr viel investiert haben. Wenn Sie zum Beispiel bei einem Patent die vollen 20 Jahre Schutz durch die Patentämter ausnutzen möchten – und ab dem dritten Jahr schlagen ja die sich steigernden Verlängerungsgebühren zu Buche –, fallen derzeit weit über 10 000 Euro für die Patentanmeldung und ihre Verlängerungen an. Wenn Sie zumindest einigermaßen betriebswirtschaftlich denken, seien Sie sich darüber bewusst, dass Sie Ihre Idee zumindest soweit verwerten müssen, dass Ihre bisherigen Kosten gedeckt werden.

KOSTEN DECKEN UND WERT ERMITTELN

In Ihren Plänen zur Verwertung Ihrer Ideen müssen Sie die bisherigen Kosten berücksichtigen. Und Kosten sind nicht nur direkte Ausgaben in Form von Patentanmeldungsgebühren. Sensibilisieren Sie Ihren Blick dafür, dass Sie zum einen auch einen zeitlichen Aufwand hatten, um Ihre Idee erst einmal bis zu diesem Punkt voranzutreiben (Arbeitskosten).

Wichtig ist auch, dass Sie ein Gefühl dafür bekommen, was Ihre Idee ungefähr wert ist. Gehen wir einmal von folgendem Szenario aus: Sie haben einen revolutionären Motorantrieb erfunden, der verschiedene ökologische Antriebskonzepte – zum Beispiel Sonne und Strom – effizient miteinander verbindet und noch dazu preiswert in der Herstellung wäre. Eine solche Erfindung würde die gesamte Autoindustrie wahrscheinlich auf den Kopf stellen. Eine Idee, die in diesem Segment entsteht, müssen Sie natürlich anders bewerten, als wenn Sie ein neues T-Shirt-Design entworfen haben, das Sie nun verwerten wollen.

Die Frage Ihrer Kostendeckung und der Bewertung Ihrer Idee läuft also auf den zentralen Punkt zu: Was ist Ihre Idee wert und welchen Profit können Sie am Ende machen, damit es sich für Sie lohnt? Und, bei aller Begeisterung und Euphorie, tun Sie sich selbst einen Gefallen: Ermitteln Sie den potenziellen Wert Ihrer eigenen Idee möglichst realistisch. Die eigene Begeisterung ist da meist nicht wirklich zielführend.

Daisuke Inoue

In den 1970er-Jahren tourte Daisuke Inoue als Musiker durch die Kneipen von Kobe (Japan). Dann und wann kam es vor, dass euphorisierte Gäste auf die Bühne sprangen, um bekannte Lieder selbst zur live gespielten Musik zu performen. Daraufhin stellte sich Inoue die Frage, ob die frenetischen Hobbysänger ihr Können auch zu Tonbandaufnahmen zum Besten geben würden. Sie taten es, und die **Karaoke-Maschine** war erfunden. Innerhalb kurzer Zeit avancierte sie in Japan zum Bestseller. Leider vergaß der Erfinder, das Gerät zum Patent anzumelden. So kam es, dass andere Firmen die Maschine kopierten und weiterentwickelten. 1993 erlitt Daisuke Inoue einen Nervenzusammenbruch.

	A	B	C	F	G	H	
1	Projektstrukturplan						
2	Werte in €						
3			Projekt: Neues Surfboard Spezialbeschichtung				
4			Kunde: intern				
5			Termin geplant: 09. Januar 2014 bis 17. Dezember 2014				
6				Kostenplanung			
7	Typ	Nr	Projektschritt	Typ RK	Menge/Stunden	Ressourcenkosten	zus
8	M		Projektstart: Kick-Off				
9	P	1	BESCHICHTUNG TEST			10.520	
10	AP	1.1	Testcycle 1 Beschichtung (Alterungstest)	Pauschal		8.000	
11	AP	1.2	IA (Alterungstest)	Stunden	24	2.520	
12	M		Abschluss Klebertest				
13	P	2	FELDVERSUCH Teil 1			34.705	
14	AP	2.1	B2 Prototyp Herstellung	Stunden	180	28.800	
15	AP	2.2	Start-up	Stunden	8	600	
16	AP	2.3	Testlauf (Salzwasser)	Stunden	25	3.625	
17	AP	2.4	Auswertung	Stunden	16	1.680	
18	M		Abschluss Feldversuch 1				
19	P	3	WEITERENTWICKLUNG KUNSTSTOFFSCHICHT			7.560	
20	AP	3.1	Technische Entwicklung	Stunden	72	7.560	
21	M		Abschluss Kunsttstoffschicht				
22	P	4	AKTIVIERUNG / OBERFLÄCHE			2.000	
23	AP	4.1	Durchführung extern Lieferant	Pauschal		2.000	
24	M		Abschluss Aktivierung/Oberfläche				
25	P	5	BESCHICHTUNG			14.100	
26	AP	5.1	Konzept	Stunden	14	1.470	
27	AP	5.2	Technische Ausarbeitung	Pauschal		2.000	
28	AP	5.3	Chemische Analyse	Pauschal		10.000	
29	AP	5.4	Auswertung	Stunden	6	630	
30	M		Abschluss Feldversuch 1				
31	P	6	FELDVERSUCH Teil 2			33.830	
32	AP	6.1	Start-up	Stunden	6	630	
33	AP	6.2	Testlauf (Salzwasser)	Stunden	200	29.000	
34	AP	6.3	Auswertung	Stunden	40	4.200	
35	M		Projektende / Freigabe weitere Feldversuche				

Risikobudget / Pivot 1 Projektkosten / Pivot 2 Kostenarten / Pivot 3 kumulierte Kosten / Pivot 4 Risikokosten / Stund

	J	K	L	M	N
ten	Plankosten	Kostenarten	geschätzt	fixe Kosten	Risikokosten
2.000	12.520				4.000 €
2.000	10.000	Kosten für externe Leistungen	☐	☑	
	2.520	Personalkosten	☐	☐	
			☐	☐	
1.400	36.105				2.500 €
	28.800	Produktkosten	☐	☐	
400	1.000	Personalkosten	☑	☐	
1.000	4.625	Kosten für externe Leistungen	☐	☐	
	1.680	Personalkosten	☐	☐	
			☐	☐	
2.000	9.560				
2.000	9.560	Kosten für externe Leistungen	☐	☐	
			☐	☐	
1.000	3.000				
1.000	3.000	Kosten für externe Leistungen	☐	☐	
			☐	☐	
2.000	16.100				
1.000	2.470	Kosten für externe Leistungen	☐	☐	
	2.000	Kosten für externe Leistungen	☐	☐	
1.000	11.000	Kosten für externe Leistungen	☐	☐	
	630	Kosten für externe Leistungen	☐	☐	
			☐	☐	
3.000	36.830				4.500 €
	630	Sachmittelkosten	☐	☐	
3.000	32.000	Produktkosten	☐	☐	
	4.200	Produktkosten	☐	☐	

echnungen / Aufwandsschätzung AP 2.3

Teilen Sie die Arbeit an Ihrem Projekt in verschiedene Phasen ein – von der Ideenfindung bis hin zum Prototypenbau beziehungsweise anfänglichen Tests. Halten Sie Zeitaufwände und reale Kosten fest. So erhalten Sie ein Gesamtbild über Ihre eigenen Investitionen. Was als Gesamtsumme Ihrer Investitionen herauskommt, definiert die Messlatte für den nächsten Schritt: die Verwertung Ihrer Idee.

Dokumentieren Sie Ihre Kosten

An dieser Stelle kommt wieder Ihr Erfinderbuch ins Spiel. Wir schlagen vor, dass Sie darin auch alle anfallenden Kosten notieren. So betreiben Sie ein Mindestmaß an Kostenmanagement. Wenn Sie professionell vorgehen wollen, planen Sie zunächst alle Kosten fein und säuberlich, zum Beispiel in einer Excel-Tabelle. Auf diese Weise kontrollieren Sie Ihre tatsächlichen Ausgaben.

Angenommen, Sie möchten weniger buchhalterisch vorgehen und sich lieber von Ihren Ideen treiben lassen: Sie bevorzugen ein langsameres Verfahren, bei dem Sie nur ab und zu an Ihrer Idee arbeiten – hier mal ein bisschen Material kaufen, dort mal zu einem Kongress fahren und immer mal wieder etwas netzwerken, um aktuelles Wissen zur Weiterentwicklung Ihrer Idee zu finden. Selbst dann sollten Sie auf jeden Fall die tatsächlich angefallenen Kosten inklusive der Arbeitskosten dokumentieren. Gerade die Arbeitskosten, also die vielen Stunden, in denen Sie über einer Idee brüten, werden bei solchen Kalkulationen oftmals vergessen.

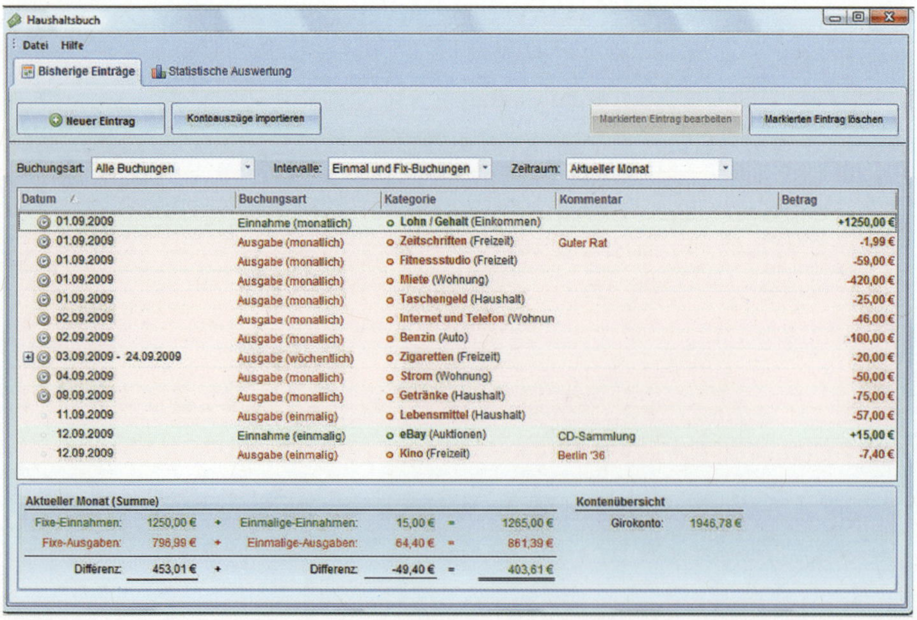

Allerdings bildet gerade dieser Faktor den größten Kostenblock – auch dann noch, wenn Sie eine Arbeitsstunde nur mit einem geringen Gegenwert von wenigen Euro festlegen. Als Anhaltspunkt für die Kalkulation kann dienen:

- Mindestlohn von 8,50 Euro
- Durchschnittslöhne innerhalb einer Branche
- Ihre bisherigen durchschnittlichen Stundenverdienste/Löhne und Honorare.

Es gibt viele frei erhältliche Programme, mit denen Sie das Kostenmanagement sehr übersichtlich gestalten können. Ausgaben zu dokumentieren, liefert Ihnen einen der wichtigsten Parameter für Ihr Projekt – nämlich die Summe Ihrer Investitionen in Ihre Idee. Das ist eine entscheidende Größe bei allen Vermarktungsanstrengungen. Nehmen wir folgendes Beispiel: Falls Sie über Nacht eine Comicfigur erfunden haben, können Sie die Nutzungsrechte schon für wenige tausend Euro verkaufen. Haben Sie aber eine technische Innovation mit hohem Investitionsaufwand und einem Prototypenbau in die Welt gebracht, sollten Sie ganz anders rechnen. Denn hier kommen schnell mehrere zehntausend Euro zusammen. Wenn es im Folgenden also um die Verwertung Ihrer Idee geht, sollten Sie deren Wert immer an den Kosten und der ursprünglichen Vision messen – erst dann bekommen Sie ein Gefühl dafür, wie viel „Musik" in Ihrer Idee steckt.

KOSTEN DOKUMENTIEREN

Nutzen Sie digitale Kassen- oder Haushaltsbücher, um Ihre Kosten für Ihr Projekt zu dokumentieren. So haben Sie immer aktuelle Zahlen parat, wenn es darum geht, Ihre bisherigen Investitionen in Ihre Idee zu bewerten. Das ist ein wichtiges Kriterium, um zu überlegen, was sich aus der Verwertung ergeben soll.

Ein kostenloses Kassen- beziehungsweise Haushaltsbuch bietet zum Beispiel www.haushaltsbuch.org. Viele weitere Programme, auch Freeware, finden Suchmaschinen unter dem Stichwort „Kassen- oder Haushaltsbuch".

DIE ENTSCHEIDUNG: WOLLEN SIE WEITERMACHEN?

Bislang getätigte Investitionen bringen Sie zu dem Schluss, dass nun auch etwas zurückfließen muss. Und Sie wollen doch auch Kasse machen. Wenn Sie über die entsprechenden Ressourcen verfügen, können Sie Ihre Idee alleine umsetzen. Wenn dem nicht so ist, sind Sie auf externe Hilfe angewiesen. Vielleicht reicht schon ein kleiner Kredit. Eventuell sind es aber auch hunderttausende Euro, die notwendig wären, um Ihre Idee in die Welt zu bringen. Machen Sie also die Entscheidung, die Arbeit an Ihrer Idee fortzusetzen auch davon abhängig, welche Investitionen noch anstehen. Schätzen Sie realistisch ein, ob Sie alleine überhaupt die Kraft hätten, ein Produkt in den Markt zu bringen. Nehmen wir an, Sie haben ein kleines, feines Designobjekt aus Porzellan entworfen. Dann können Sie die Prototypenproduktion zusammen mit einer Manufaktur sowie eine kleine Serie dieser Objekte finanziell vielleicht noch alleine stemmen. Auch der Aufbau von Vertriebswegen, das Marketing und alle bürokratischen Aufgaben lassen sich gegebenenfalls noch ohne Unterstützung meistern. Wenn es aber komplexere Produkte oder Dienstleistungen sind, wird der Alleingang schwierig. So oder so: Sie müssen eine weitreichende Entscheidung treffen, die vielleicht Ihr komplettes Leben umkrempeln wird. Zusätzlich hängen damit weitere komplexe Fragen zusammen. Wenn Sie so überzeugt von Ihrer Idee sind, dass Sie eine „große Sache" draus machen wollen, bietet sich Ihnen womöglich eine komplett neue berufliche Perspektive. Es ist sogar gut vorstellbar, dass Sie unter diesen Umständen an einen Punkt gelangen, an dem Sie Ihre bisherige Arbeit kündigen wollen, um sich als Unternehmer durchzusetzen. Prüfen Sie jedoch genau, ob das der Weg ist, den Sie sich vorstellen. Lauschen Sie in sich hinein: Möchten Sie lieber weiterhin ein Freizeittüftler bleiben, der zwar Spaß an der Lösung von Problemen hat, aber weiterhin glücklich in seinem Beruf ist? Werden Sie vielleicht gar nicht von Profitinteressen angetrieben und können notfalls auch nur mit der Anerkennung leben? Dann bewerten Sie die Frage der weiteren Schritte anders als jemand, der seine berufliche Zukunft mit seiner Idee verknüpft und bereit ist, weiteres Geld in ihre Verwirklichung zu investieren. Die Ideenverwertung ist nie ein standardisierter, gerader Weg. Sie hängt immer von Ihren eigenen Plänen ab und kann höchst individuell ausfallen. Eines müssen Sie jedoch in jedem Fall beachten: Treffen Sie immer klare Entscheidungen bezüglich Ihrer Ideen. Denn bloßes Herumlavieren ist wenig erträglich und wird Ihren Zielen bestimmt nicht gerecht. Wenn Sie etwas aus Ihrer Idee machen wollen, dann gehen Sie am besten planmäßig vor. Dazu sind Sie bereits auf gutem Weg.

CHECK: WOHIN SOLL ES WEITERGEHEN?

Sie haben bei einer guten Idee immer drei mögliche Szenarien vor sich:

- **Eigener Herr bleiben – im Kleinen verwirklichen:** Sie wollen Ihre Idee selbst verwirklichen und alle Fäden in der Hand halten. Der Investitionsbedarf ist nicht so groß und Sie können anfallende Kosten selbst tragen. Ihr Projekt bleibt Ihr Baby, aber Sie tragen auch das ganze Risiko.
- **Die große Lösung mit hohem Risiko und der langfristigsten Perspektive:** Sie trauen Ihrer Idee Großes zu, haben aber selbst zu wenige Ressourcen, um sie umzusetzen. Sie wollen selbst beteiligt bleiben, führend agieren, zumindest aber maßgeblich mitreden. Sie akzeptieren Partner wie Banken, Investoren, Mitgesellschafter etcetera, mit denen Sie die Idee groß rausbringen und dafür gegebenenfalls ein Unternehmen gründen. Diese Variante birgt das größte Risiko für Sie, aber wahrscheinlich auch den größten Return on Investment – selbst wenn dieser Weg sicherlich nicht einfach sein wird.
- **Exitstrategie:** Ihre Idee ist gut und kommt an. Sie verkaufen die Idee, Patente und so weiter – und Exit. Das heißt: Sie gehen aus dem Projekt raus.

INTERVIEW

Gute Entscheidungen treffen – nachgehakt bei Dr. Gregor Rinn

Dr. Gregor Rinn arbeitete nach seinem Studium der Philosophie, Psychologie und Geschichte über sieben Jahre als strategischer Berater, unter anderem bei The Boston Consulting Group. Heute ist er als selbstständiger Coach und Berater tätig und hat sich darauf spezialisiert, Struktur ins Denken zu bringen, um Entscheidungsprozesse bewusst zu gestalten. Zu seinen Klienten zählen zahlreiche Unternehmensgründer, die er bei der strategischen Planung unterstützt (www.the-counsellor.de).

? Entscheidungen, die die komplette Lebensführung betreffen, sind schwer zu fällen. Wie geht man an einer solchen biografischen Kreuzung am besten vor?

„ Hören Sie auf Ihr Gefühl, aber bitte mit Verstand. Eine so einschneidende Veränderung müssen Sie wollen, und dieses Wollen entspringt Ihrem Gefühl und Ihren Bedürfnissen, aber nicht Ihrem Verstand. Der kommt ins Spiel um abzuwägen, ob Sie das, was Sie tun wollen, auch wirklich tun sollten. Der Verstand zeigt Ihnen, was die Konsequenzen Ihres Wollens sein könnten.

? Gibt es konkrete Instrumente, um gute Entscheidungen zu treffen?

„ Entscheidungen sind immer risikobehaftet, weil sie unter Unsicherheit gefällt werden müssen. Hätte ich alle Informationen zur Verfügung, müsste ich gar nicht entscheiden, weil das, was zu tun ist, logisch gefolgert werden könnte. Das ist paradox, aber ich muss immer dann entscheiden, wenn ich es eigentlich gar nicht kann. Dieses Risiko des Scheiterns lässt sich durch kein noch so gutes Instrument oder Verfahren ganz ausschließen. Es ist aber enorm hilfreich, sich immer wieder zu fragen: „Was sind meine Ziele und bringt mich die getroffene Entscheidung diesen Zielen näher oder nicht?" Wenn zum Beispiel Sicherheit ein wichtiges Ziel für Sie wäre, dann ist die Entscheidung, sich in ein finanzielles Abenteuer zu stürzen, wahrscheinlich nicht gut. Ganz anders würde die Beurteilung ausfallen, wenn Sie nun aber ein ausgeprägtes Profitstreben hätten. In diesem Fall kann eine riskante Investition Sie Ihrem Ziel deutlich näher bringen als ein zögerlich-abwartendes Verhalten.

? Was ist überhaupt eine gute Entscheidung und was eine schlechte?

„ Entscheidungen können sich immer erst im Nachhinein als richtig oder falsch herausstellen, und wir neigen häufig dazu, falsche Entscheidungen dann auch als schlechte Entscheidungen zu betrachten. Das ist aber eine Vermischung der Betrachtungsebenen. Die Qualität einer Entscheidung bemisst sich an den Bedingungen ihres Zustandekommens – also zum Beispiel an der Frage, wie gründlich sie vorbereitet war. In diesem Sinne kann sich auch eine gute Entscheidung später als falsch erweisen und umgekehrt.

Ideenverwertung als Sozialprojekt

Sie wollen weitermachen? Aber Moment: Verwerten klingt zunächst nach monetärem Profit. Das kann, muss aber nicht zwangsläufig das sein, worauf Ihr Projekt hinausläuft. Es gibt Erfinder, die spenden Ihre Ideen der Allgemeinheit und wollen ausdrücklich keinen Profit machen. Social Entrepreneurship ist schon länger in Mode. Wikipedia ist so ein Projekt, getragen von einer gemeinnützigen Stiftung. Überhaupt basieren viele Open Source-Projekte auf dieser Vorstellung. Wenn Sie auch von dieser Sorte Mensch sind und mit Ihren Ideen Gutes tun wollen, müssen Sie sich über die weiteren taktischen Schritte im Klaren sein. Kosten und Nutzen werden dann weniger monetär als ideell bewertet. Die Währungen sind hier grundverschieden. Aber auch ideelle Projekte brauchen eine Verwertung und allem voran die Öffentlichkeit.

Betreten Sie die große Arena

Was immer Sie aus Ihrem Projekt rausschlagen wollen – wenn es das Licht der Welt erblicken soll, müssen Sie über Ihre Ideen reden. Und zwar in einer anderen Weise als zuvor. Bislang haben Sie in kleinen Netzwerken kommuniziert, haben Wissen zusammengetragen, Ihre Zielmärkte und Zielgruppen untersucht und/oder haben mit Experten geredet. So ungefähr in diesem Rahmen werden Sie von Ihrer Idee erzählt haben. Es war ein vertraulicher Rahmen. Wenn Sie jetzt weiterdenken und beispielsweise zu dem Entschluss gekommen sind, dass Sie drei Jahre Entwicklungsarbeit und Ihre Kosten wieder reinfahren wollen, müssen Sie eine andere Haltung einnehmen. Sie müssen viel kommunizieren, sodass Sie anschlussfähig zum Markt werden. Jetzt betreten Sie langsam die große Arena, und man beginnt auf Sie zu schauen.

Der erste Prototyp der Computermaus. 1963 von Bill English nach Zeichnungen von Douglas Engelbart gebaut, trat die Computermaus in den 1980er-Jahren ihren Siegeszug an.

Mit Mockups und Prototypen aufwarten

Sie haben ein Produkt entwickelt, beispielsweise ein Spielzeug – dann sind schriftliche und grafische Beschreibungen hilfreich. Ein Mockup oder ein Prototyp ist jedoch wesentlich aussagekräftiger.

- Mockups sind Attrappen beziehungsweise Modelle, die das Design eines Produkts für Präsentationszwecke maßstabsgetreu veranschaulichen. Sie haben allerdings nicht den Anspruch funktionsfähig zu sein.
- Prototypen hingegen sind vereinfachte Einzelstücke, die in dieser Form meist noch nicht dem Endprodukt entsprechen. Sie sollen – vorbereitend für die Serienfertigung – die Funktionsfähigkeit Ihres Produkts unter Beweis stellen. Gleichzeitig sind sie ein wesentlicher Entwicklungsschritt für die Materialisierung von Ideen. Man nennt sie daher auch Funktionsprototypen, anhand derer Fehler und Schwächen erkannt und behoben werden können. Prototypen dienen damit wesentlich dazu, Ihre Idee zu verbessern und zur Marktreife zu bringen.

Mockups wie Prototypen haben aber auch eine wichtige kommunikative Rolle: Sie sind quasi Ihre Visitenkarte, mit der Sie sich ausweisen und zeigen können, dass die Idee nicht nur heiße Luft ist, sondern dass Sie bereits ein hohes Maß an Konkretisierung Ihrer Idee erreicht haben. Damit wird die gesamte Kommunikation über alle weiteren Schritte wesentlich einfacher – beispielsweise wenn Sie Investoren gewinnen wollen.

Einfache Konstruktionen wird man als geschickter Bastler oft mit Material aus dem Baumarkt hinbekommen. Man sollte sich einigermaßen mit Werkstoffen, deren Verarbeitung und den entsprechenden Werkzeugen auskennen. Bei der Herstellung von Prototypen spielen rationelle Fertigungsmöglichkeiten der Massenproduktion und der späteren Markteinführung (mit den dazugehörigen Prozessschritten) noch keine Rolle. Prototypen sind deshalb oft wesentlich kostenintensiver als die späteren Serienmodelle. Seit einigen Jahren stehen für weniger komplexe Projekte jedoch schnelle und kostengünstige Verfahren zur Produktion von physischen Prototypen zur Verfügung:

- Rapid Prototyping als Fertigungsverfahren
- Virtual Prototyping zur computerbasierten Simulation
- Rapid Control Prototyping (RCP) als Methode zur Regelungs- und Steuerungsentwicklung von Entwürfen

Rapid Prototyping heißt „schneller Bau eines Prototyps". Mit dem Rapid Prototyping sind Produktionsweisen mit einem 3D-Drucker gemeint, die ganz neue Möglichkeiten bieten. Der Begriff Rapid Prototyping ist eine Dachbezeichnung für verschiedene Verfahren der einfachen Mo-

Kompliziert aufgebaute Produktmuster, erstellt im Rapid-Prototyping-Verfahren

dellanfertigung, das aus der Fertigungstechnik heraus entwickelt wurde. Maße und Beschaffenheit müssen der Maschine digital vorgegeben werden. Als Grundlage dienen CAD-Daten (CAD = Computer Aided Design). Diese Daten werden vor dem eigentlichen Fertigungsprozess in einen 3D-Drucker eingelesen und konvertiert. Der 3D-Drucker baut das gewünschte Produkt dann Schicht für Schicht dreidimensional auf.

Mittlerweile gibt es schon 3D-Drucker für weniger als 1 000 Euro, mit denen Sie Gegenstände aus Kunststoff (PLA), Laywood (Holz) oder Laybrick (Sandstein) bis Größen von 15 x 15 x 15 cm drucken können. Solche Geräte passen bequem auf den Schreibtisch. Kleinere Designobjekte lassen sich hiermit bereits gut als Prototyp herstellen. Das Rapid Prototyping ist mittlerweile so in Mode gekommen, dass die Drucker selbst als preiswerte Bausätze vertrieben werden. Die German RepRap GmbH beispielsweise bietet solche Bausätze für weit unter 1 000 Euro an und dazu im Übrigen auch gleich die passenden Workshops zum Aufbau und zur Nutzung der Geräte.

3D-DRUCKER FÜR ENDVERBRAUCHER

Zahlreiche Anbieter tummeln sich mit ihren Druckern auf dem Markt. Am bekanntesten sind:

- www.germanreprap.com
- https://www.makerbot.com
- https://www.ultimaker.com

Wer sich kein eigenes Gerät anschaffen möchte, kann die Vorteile des Rapid Prototypings auch über diverse Onlinedienstleister nutzen. Zahlreiche Unternehmen haben sich bereits auf diese Fertigungsmethode spezialisiert. Das ist deshalb interessant, weil das Wort „3D-Druck" mehr als irreführend ist. Vom Prinzip her ist das Verfahren einfach. Aber man drückt eben nicht bloß auf einen Knopf, und danach wird dann ein fertiger Prototyp gelasert und ausgespuckt. Gerade die Geräte für Endverbraucher haben ihre Grenzen – vor allem bei der Verarbeitung von Werkstoffen und den Dimensionen der Produkte. Mehr als kleine Werkstücke werden Ihnen mit solchen 3D-Druckern nicht gelingen.

Wenn Sie das Prototyping an Dienstleister auslagern wollen, haben Sie zwei

Möglichkeiten: Zum einen haben sich communitybasierte Dienste etabliert, über die Sie 3D-Drucke in Auftrag geben können.

3dhubs (www.3dhubs.com) vernetzt Besitzer von Druckern mit Leuten, die in ihrer Stadt etwas drucken lassen wollen, aber nicht wissen wie. So können Sie stadtbezogen registrierte Nutzer aufrufen, die relativ preisgünstig ihre Hilfe anbieten (ab 10 Euro Startkosten plus Materialkosten ab 1 Euro/m^3).

Thingiverse (www.thingiverse.com) ist ebenfalls eine Community, über die Sie Designs publik machen und teilen können. Gleichzeitig können Sie Ihre Designs aber auch produzieren lassen.

Ganz ähnlich funktioniert das deutsche Start-up Trinckle (www.trinckle.com), dessen Blog wertvolle Tipps gibt: www.trinckle.com/blog.

Das Rapid Prototyping wird die Produktwelt revolutionieren – davon gehen viele Beobachter aus. Kleinere Objekte können heute schon problemlos auf diesem Weg hergestellt werden. Wie weit das Prototyping gekommen ist und wie sehr es bereits auch für kommerzielle Anwendungen über den Prototypenbau hinaus geht, zeigt ein prominentes Beispiel aus der Rapid-Prototyping-Szene: Purmundus ist ein deutsches Label für 3D-gedruckte Lifestyle-Produkte, das limitierte Kleinserien von Wohnaccessoires, Leuchten und Schmuck anbietet. So entstehen individualisierte als auch einzigartige Produktlösungen, die über einen eigenen Onlineshop vertrieben werden: http://purmundus.de/shop/produkte.html.

RAPID-PROTOTYPING-FOREN

Zukünftige Entwicklungen werden in Deutschland auf der Rapid.Tech und FabCon 3.D diskutiert, ein einschlägiges Forum für die 3D-Prototyping-Community, das jährlich in Erfurt stattfindet (siehe: www.rapidtech.de).

Das Beispiel von Purmundus zeigt, dass Ideen heute bereits mit geringem Aufwand als Heimproduktion in den eigenen vier Wänden „materialisiert" werden können und Basis von funktionierenden Geschäftsmodellen werden können. Prototyping ist damit nicht die Vorstufe für weitere Verwertungsprozesse, sondern bildet die Lösung für die Produktionsfrage eines Produkts – und die Produktion ist immer der größte Stolperstein.

Aus dem Prototyping wird dann ein eigenständiges Produktionskonzept: das Rapid Manufacturing. Das geht dann auf, wenn hochwertige Objekte auch langfristig nur in Kleinserie geschaffen werden sollen – gerade darin liegt ihr Wert.

Geht es Ihnen um einen Massenmarkt, werden Sie mit dieser Produktionsweise jedoch schnell an Grenzen stoßen. Produkte, die am Ende inklusive Materialkosten, Margen und sonstigen Kosten bei mehreren hundert Euro liegen, wird die Masse der Konsumenten nicht annehmen. Dann sind herkömmliche Massenproduktionsweisen gefragt.

Gestaltungsvorschlag für das „Canal House" von DUS architects, das im 3D-Druckverfahren erstellt wird. Das Forschungs- und Entwicklungsprojekt ist ein Pilotversuch vor Publikum. Die Bauelemente werden vor Ort auf der Baustelle im 6 Meter hohen 3D-Drucker KamerMaker gedruckt und dann direkt verbaut.

Komplexe Prototypen

Nicht immer ist es nur ein handgroßes Objekt, das als Prototyp geschaffen werden soll. Rapid Prototyping bietet nicht nur für den direkten Anwendermarkt neue Möglichkeiten. Es haben sich auch viele industrielle Dienstleister am Markt etabliert, die größere Industriedrucker betreiben. Wohin das führen kann, will ein Projekt in Amsterdam zeigen: Dort soll ein komplettes Grachtenhaus mit drei Stockwerken im 3D-Druck entstehen. Mit einem Megadrucker sollen 130 Einzelteile für den Bau des Hauses entstehen – die Dateien mit den Vorlagen passen alle auf einen USB-Stick.

Nicht ganz so ambitioniert sind die vielen Dienstleister, die das Rapid Prototyping als Auftragsarbeit ausführen und die leicht per Internetsuche gefunden werden können. Das heißt, sie beraten, erstellen Druckdaten und produzieren. Solche Dienstleister verfügen über leistungsstarke Industrie-3D-Drucker, die wesentlich größere Werkstücke möglich machen. Mit Abstand größter europäischer Dienstleister ist das Unternehmen FKM Lasersintering. Typische Aufträge sind Prototypen von iPad-Haltern über Steckdosensätze bis hin zum Formel-I-Auto in Originalgröße. Kleine Produkte wie der iPad-Halter kosten kaum über 100 Euro. Das Formel-I-Auto schlägt mit 90 000 Euro zu Buche.

INDUSTRIELLE DIENSTLEISTER FÜR 3D-DRUCKER

http://fkm-lasersintering.de
www.creabis.de
www.rapidprototyping-nietfeld.de
www.ares-prototype.com (in China)
Stichworte für die Onlinesuche: „industrielles Rapid Prototyping"

Old School Prototyping: Modellbau

Nicht immer bieten sich die bislang besprochenen Herangehensweisen an, um zu einem Prototypen zu kommen. Insbesondere, wenn Ihr Produkt bestimmte Dimensionen übersteigt oder nicht in kleinere Einzelstücke aufgeteilt werden kann, sind selbst industrielle 3D-Drucker nicht mehr ausreichend. Für viele gibt es auch mit den neuen digitalen Produktionsweisen eine technologische Barriere. Dann hilft praktisch nur eins: Greifen Sie selbst zu herkömmlichen Werkzeugen und betreiben Sie – ganz altmodisch – Modellbau.

Doch auch in diesem Bereich gibt es spezialisierte Dienstleister, die Ihnen mit Fräsmaschinen und verschiedenen Gusstechniken alle möglichen Werkstücke liefern können und wesentlich flexibler bei der Materialbearbeitung sind als es beim Rapid Prototyping möglich ist. Einige größere Dienstleister gehen über das reine Fertigen hinaus und bieten Entwicklung, Konstruktion und Fertigung unter einem Dach. Fertige Konstruktionsdaten werden optimiert und geprüft, teilweise steigen solche Dienstleister mit ihrem Know-how auch in die Weiterentwicklung einer Produktidee bis hin zum Design ein. Die Kosten sind höchst unterschiedlich, aber schnell kommen hier viele tausend Euro zusammen.

INDUSTRIELLER MODELLBAU

Es gibt mehr Dienstleister im klassischen Modellbau, als man hier aufzählen kann. Bei komplizierten Modellen lohnt es sich genau hinzusehen, welche Dienstleister Sie beauftragen. Unter Begriffen wie „Tooling“ und „Prototyping“ oder „industrieller Modellbau“ finden Sie im Netz zahlreiche Anbieter, die – neben den 3D-Verfahren – verschiedene Technologien anbieten sollten, wie beispielsweise: CAD/Konstruktion, Vakuumguss, RIM-Verfahren, Spritzguss, Feinguss, Druckguss, Blechteile- und Gummiteileherstellung und -verarbeitung. Wichtig ist immer, dass Sie sich die Referenzliste solcher Dienstleister ansehen. Wer nur für die Autoindustrie komplexe Karosserien baut, ist kein Ansprechpartner für den kleinen Tüftler, der ein neues Brühverfahren zum Kaffeekochen entwickelt hat. Informieren Sie sich genau und lassen Sie alles vorab durchkalkulieren.

Prototyping von Dienstleistungen

Prototyping ist keine Frage, die sich exklusiv nur bei dreidimensionalen Objekten stellt. Auch bei Dienstleistungen sind erste Referenzen wichtig, um die Funktionsweise und den Erfolg abzuschätzen. Haben Sie als Hundetrainer ein neues Trainingskonzept für Menschen mit Hund erstellt, die beim Gassigehen den täglichen Workout gleich mit erledigen und das Fitnessstudio sparen wollen, so sollten Sie ein solches Konzept zunächst an Referenzkunden erproben. Erst danach empfiehlt es sich zu standardisieren und auszubauen. Wenn Sie also einen Prototyp dieses Konzepts erfolgreich erprobt haben, können Sie sich als Hundetrainer entweder an die Vermarktung in den Endkundenmarkt machen oder etwa das Konzept an andere Hundetrainer lizensieren. Eigene Kunden und positive Feedbacks dienen Ihnen dann als Referenz.

GUTE IDEEN WEITERVERKAUFEN ODER LIZENSIEREN

Nehmen wir an, Sie haben Ihre Idee geschützt und haben mit ersten Prototypen ihre Funktionsfähigkeit unter Beweis gestellt. Sie sehen ein großes Potenzial für Ihre Idee, weil Sie den Markt untersucht haben. Sie haben positive Feedbacks bekommen. Eigentlich wären Sie jetzt bereit, in den Markt zu gehen. Hier steht nun erneut die grundlegende Frage an, ob Sie noch einen Schritt weitergehen wollen. Mit Ihrer Entwicklungsarbeit und dem Prototypenbau haben Sie bereits sehr viel in Ihr Projekt reingesteckt. Sofern Sie nicht der Ehrgeiz gepackt hat, das Produkt auf eigenes Risiko in die Welt zu bringen – vielleicht zunächst mit einer Kleinserie, dann mit höheren Auflagen und passenden Vertriebspartnern –, bietet sich als Exitstrategie immer noch an, Ihre Idee zu verkaufen.

Zum einen können Sie eine Lizenz verkaufen, also die vertragliche Einräumung eines Nutzungsrechts durch Sie als Urheber. Ein Nutzungsrecht kann zum Beispiel für eine Marke oder ein Patent eingeräumt werden. Hier würde sich bezahlt machen, wenn Sie sich vorher genau über Ihre Schutzrechte informiert haben und Ihre Idee geschützt haben. Die Weiterverwertung Ihrer Idee beruht maßgeblich darauf, denn nur so können Sie einen Ideenklau wirksam verhindern und beruhigt in Verhandlungen gehen. Mit dem Lizenznehmer wird vertraglich vereinbart, welchen Umfang die Lizenz hat und wie Sie für Ihre Lizenzvergabe entschädigt werden.

Die vertragliche Seite eines Lizenzverkaufs

Alles, was nun folgt, kann nur eine grobe Anleitung sein, wie Sie bei einem Lizenzverkauf vorgehen sollten. Damit möchten wir Sie davor bewahren, vorschnell irgendwelche Kaufverträge abzuschließen, bei denen Sie unter Umständen lebenslange Knebelverträge abschließen, mit denen Sie für immer und ewig gegen eine nur marginale Summe alle Rechte abtreten. Deshalb empfehlen wir auch, einen solchen Vertrag von einem spezialisierten Patentanwalt oder Rechtsanwalt ausarbeiten zu lassen. Auf www.wmwllp.de/service/lizenzvertrag finden Sie Muster für Vertragsvorlagen. Die Vorlagen zeigen nur auf, welche Aspekte in einem solchen Vertrag abgehandelt werden können. Das ersetzt nicht die individuell ausgearbeiteten Verträge eines Anwalts.

Grundsätzlich geht es um Folgendes: Bei einem Lizenzverkauf behalten Sie die Schutzrechte an Ihrer Idee und übertragen lediglich die Nutzungsrechte an den Lizenznehmer – womit Sie noch ein Stück weit mehr die Kontrolle über die weiteren Schritte behalten können.

Sie können aber auch ganz klar sagen: Ich will alles komplett loswerden und keine Rechte wahren, mir kommt es lediglich auf eine angemessene Honorierung meines Aufwands an. In einem solchen Fall verkaufen Sie Ihre Idee und übertragen die Schutzrechte vollständig an einen Käufer, zum Beispiel ein Patent.

Entscheiden Sie sich für eine Lizensierung, gibt es auch hier Variationen: Die einfache Lizenz sowie die Generallizenz. Bei der einfachen Lizenz veräußern Sie die Nutzungsrechte nicht nur exklusiv an

Karlheinz Brandenburg (*1954)
Der Mathematiker und Elektrotechniker Karlheinz Brandenburg widmete sich am Fraunhofer-Institut in den 1980er-Jahren zusammen mit seinem Team der Herausforderung, Töne zu digitalisieren und dabei ohne hörbaren Qualitätsverlust zu komprimieren. Ziel war es, die Audiodaten über Telefonkabel zu verschicken und auf Computern zu speichern. Das Ergebnis der Forschung resultierte in der **Erfindung des MP3-Formats,** das die Musikindustrie nachhaltig revolutionieren sollte. Die Zahl von CD-Verkäufen nahm ab, die von MP3s im Internet stieg an. 1998 erschien der erste MP3-Player, 2001 folgte der iPod. Apple machte Milliardenumsätze. Für Brandenburg und das Fraunhofer-Institut blieben über Lizenzeinnahmen immerhin ein paar Millionen Euro ... es hätte schlimmer kommen können.

KW
MW
LW
UKW
BASS
HÖHEN
REUTLINGEN
BRUXELLES
WIEN
MTE. CARLO
LUXEMBOURG
GRAZ
BREMEN
SOTTENS
KLAGENFURT
STUTTGART
MONTE CENERI
BUDAPEST I
PRAHA
KANZELHÖHE
LINZ
INNSBRUCK
JAUERLING
Cover Flow
Genius-Mixe
Wiedergabelisten
Interpreten
Alben
Titel
Genres
Komponisten
Hörbücher
Suchen
MENU
AUS
GR
LW
KW
UKW
PHILIPS

einen einzigen Lizenznehmer, sondern können weitere Lizenzen an andere Partner verkaufen. So gäbe es dann mehrere Lizenznehmer, die beispielsweise verschiedene Märkte (Europa und USA) abdecken – je nachdem, welche räumlichen oder auch zeitlichen Einschränkungen Sie vereinbaren. Eine einfache Lizenz stärkt Ihre Position und schwächt die des einzelnen Lizenznehmers, der eben kein monopolartiges, ausschließliches Recht zur Verwertung hat. Komfortabler für einen Lizenznehmer ist die Generallizenz: Das Monopol für die Verwertung geht dabei zeitlich und räumlich uneingeschränkt an den Lizenznehmer.

Für was Sie sich entscheiden, hängt immer von Ihrer persönlichen Situation und Ihrer Einschätzung der Idee ab. Hätten Sie das MP3-Format und den passenden Player erfunden, und hätten Sie im Voraus gewusst, dass dieses Musikformat zum internationalen Standard wird, hätten Sie besser nur einfache Lizenzen mit zeitlicher Beschränkung vergeben. Wenn das Geschäft brummt, kann dann bei Lizenzverlängerungen nochmal neu und auf einem anderen Level verhandelt werden. So können Sie optimal von Ihrer Idee profitieren.

Aber wer weiß schon, ob zum Beispiel der Rucksackhelikopter die Zukunft der menschlichen Mobilität darstellt. Die Chancen stehen nicht wirklich gut dafür, deshalb könnte der Erfinder hier wohl auch mit der Vorstellung gut leben, für 50 000 Euro eine Generallizenz zu verkaufen. Damit wären eigene Kosten gedeckt und man hätte noch etwas verdient. Vielleicht ist die von Ihnen entwickelte Technik aber so tricky, dass Sie ohne weiteres Ableitungen daraus entwickeln könnten, beispielsweise zum Bau von unbemannten Drohnen – ein Milliardengeschäft. Solche Optionen können durch individuell ausgehandelte Lizenzverträge ohne weiteres abgedeckt werden. Dieses Beispiel ist ein weiteres Argument dafür, einen Anwalt zu bemühen und vor allem sämtliche Verwertungsoptionen in Betracht zu ziehen. Auf diese Weise können Sie die geschäftliche wie gesellschaftliche Dimension Ihrer Erfindung bestens abschätzen.

Stück- oder Umsatzlizenzen?

Neben den Nutzungsrechten, die sich auf Zeit und Raum beziehen, muss bei Lizenzverhandlungen die Vergütung im Fokus stehen. Sie wollen natürlich maximal profitieren und das zu Recht. Bescheidenheit ist hier nicht angebracht – insbesondere, wenn Sie mit großen Unternehmen verhandeln. Grundsätzlich unterscheidet man zwischen Stück- und Umsatzlizenzen.

Bei ersteren ist die Anzahl der nach der Lizenz gefertigten Stücke entscheidend. Pro Stück erhalten Sie eine verhandelte Summe, die nach einem festgelegten Modus – zum Beispiel quartalsweise oder jährlich – ausbezahlt wird. Stückzahlen sind meist jedoch keine guten Bemessungsgrundlagen. Interessanter sind Umsatzzahlen. Das iPhone von Apple wird zum Beispiel nicht annähernd so oft verkauft wie Smartphones anderer Hersteller mit Android-Betriebssystemen. Aber mit Apple-Geräten werden maßgeblich höhere Umsätze generiert.

Bei Umsatzlizenzen werden prozentuale Beteiligungen am Umsatz (oder auch am Gewinn) verhandelt. Maßgeblich ist, wie sehr Ihre Idee das Verkaufsstück ausmacht. Sind es nur einzelne Komponenten, die Sie zur Verbesserung beitragen oder ist es das komplette Produkt? Entsprechend muss die Beteiligung ausfallen. Doch Vorsicht! Erfinder sollten zwar nicht bescheiden sein, sich andererseits aber auch nicht überschätzen. Je nach Branche können die Lizenzgebühren bei nur wenigen Prozent vom Umsatz liegen. Im Kulturbereich wird das geringer ausfallen als in der Automobilindustrie. Auch sind die Realitäten des Handels und die Kosten des Vertriebs sowie Margen je nach Unternehmen und Branche vollkommen unterschiedlich. Autoren, die ein geniales Manuskript abliefern, meinen natürlich, dass ihre Ideen 100 Prozent des Produkts ausmachen. Der Verleger wird verneinen: Vom erzielbaren Verkaufspreis gehen 50 Prozent an den Handel, 10 Prozent an die Auslieferung und weitere Prozente werden für Produktion und Gesamtkosten aufgebraucht. Ein Autor, der 10 Prozent vom Verkaufspreis (VKP) seines Buches bekommt, darf sich am Ende glücklich schätzen, denn oftmals liegt die Beteiligung weit unter diesem Wert. In dem Sinne hat jede Branche ihre Kalkulationsgrundlagen, die bei der Umsatzlizenz berücksichtigt werden müssen. Und als ernstzunehmender Partner erweisen Sie sich, wenn Sie über diese Kalkulationsgrundlagen einigermaßen Bescheid wissen.

Pauschale vereinbaren

Wenn Sie Ihre eigenen Kosten immer dokumentiert haben, wissen Sie, was Sie in Forschung und Entwicklung sowie für Ihre Schutzrechtsanmeldungen bislang investiert haben. Über eine prozentuale Beteiligung kämen diese Kosten nur allmählich und zeitlich verzögert wieder zurück. Denken Sie unternehmerisch: Ihr Return on Investment sollte beschleunigt werden. Vereinbaren Sie mit dem Lizenzverkauf eine zusätzliche pauschale Vergütung, mit der zumindest die wichtigsten Kosten abgedeckt werden. Zahlungsfristen sollten hier unbedingt klar definiert sein.

Auf die tatsächliche Verwertung achten

Am Markt herrscht Wettbewerb. Darüber sollte man sich keine Illusionen machen. So kann es auch kommen, dass Lizenzen nur aufgekauft werden, um zusätzliche Wettbewerber vom Markt zu halten. Mancher Lizenzkäufer wird also gar kein Interesse haben, Ihre Idee zur Erfolgsgeschichte zu machen, weil sie ein eigenes Produkt des Lizenzkäufers nur kannibalisieren würde. Wenn der Lizenzpreis hoch genug liegt, mag Ihnen das vielleicht egal sein. Ansonsten achten Sie darauf, dass mit dem Lizenzvertrag auch eine Mindestlizenzgebühr bei Nichtverwertung vereinbart wird.

INTERVIEW

Lizenzen verhandeln – nachgehakt bei Diana Wunderlich

Diana Wunderlich ist Rechtsanwältin in Berlin. Sie verfügt zusätzlich über einen amerikanischen Studienabschluss in Transnational Business Law und berät schwerpunktmäßig kleine und mittelständische Unternehmen zu Lizenzrechtsfragen.

? Welche größten Fehler machen Erfinder bei Lizenzverhandlungen?

„ Der größte denkbare Fehler ist die Verhandlung über eine Erfindung, die noch nicht hinreichend geschützt ist. Wenn es dann kein Geheimhaltungs- und Schutzabkommen gibt, kann der Verhandlungspartner sich im schlimmsten Fall die Erfindung schnappen und der Erfinder geht leer aus. Manche Unternehmen sind da eiskalt. Ein ganz anderer, aber sehr häufiger Fehler, an dem viele Verhandlungen scheitern, besteht darin, dass der Erfinder die Bedeutung seiner Erfindung und die damit verbundenen finanziellen Möglichkeiten überschätzt.

? Worauf muss ich besonders achten, wenn ich meine Erfindung lizensiere?

„ Lizenzverträge sind oft sehr lang, unübersichtlich und für Laien kaum verständlich. Wichtig ist, dass umfassend und vollständig geregelt ist, was vergütet wird und dass der Lizenzgeber die Möglichkeit hat, Angaben des Lizenznehmers zu verkauften Stückzahlen auch nachzuprüfen. Auch sollte vermieden werden, dass der Lizenzgeber größere wirtschaftliche Risiken tragen muss. Ein oft übersehener Punkt ist auch die Frage, was in dem Fall passiert, dass das Schutzrecht nachträglich gelöscht wird, zum Beispiel weil der Lizenzgeber doch nicht der erste Erfinder war. Damit verbunden ist die Frage, wer das Schutzrecht verteidigen muss, wenn es angegriffen wird. Patentstreitigkeiten lösen regelmäßig Kosten im fünfstelligen Bereich aus. Daneben gibt es viele weitere Fallstricke in speziellen Konstellationen.

? Welche Kosten entstehen, wenn ich einen Anwalt in die Verhandlungen einschalte?

„ Das lässt sich nicht pauschal beantworten. Die Gebühren für die Erstellung von Verträgen sind nicht mehr gesetzlich reguliert und können ausgehandelt werden. Der Erfinder sollte die Frage der Kosten unbedingt gleich am Anfang der Beratung klären und nach Möglichkeit Pauschalpreise aushandeln. Auch ein Preisvergleich kann sich lohnen, man sollte aber nicht aus dem Auge verlieren, dass nur eine Minderheit von Rechts- und Patentanwälten wirklich auf Lizenzrecht spezialisiert ist.

? Kann ein Erfinder beliebig Lizenzen einschränken? Also über die üblichen zeitlichen oder räumlichen Einschränkungen hinaus: Können zum Beispiel Exporte in bestimmte Länder beschränkt oder eigene Qualitätsvorstellungen im Hinblick auf Material und Design fest vereinbart werden?

„ In einem Lizenzvertrag können alle möglichen Einschränkungen vereinbart werden, darunter auch die genannten. Entscheidend ist hier eher die Verhandlungsmacht der Parteien und weniger gesetzliche Vorgaben.

? Was ist bei einer Lizensierung eine angemessene Vergütung? Gibt es da Richtlinien?

„ Es gibt in vielen Branchen übliche Sätze insbesondere für die prozentuale Beteiligung des Erfinders an den erzielten Einnahmen mit seiner Erfindung. Dabei hängt es natürlich davon ab, ob nur eine Erfindung für das fertige Produkt maßgeblich ist oder mehrere. Diese üblichen Bedingungen werden auch von den Gerichten herangezogen, wenn es darum geht, welchen Schadenersatz Rechteverletzer zu leisten haben. In der Fachliteratur finden sich dazu viele Beispiele. Ein Recht, genauso bezahlt zu werden, kann der Erfinder daraus aber nicht ableiten. Erfinder und Lizenznehmer sind in ihren Verhandlungen frei.

WIE MAN KÄUFER UND LIZENZNEHMER FINDET

Alles, was bislang zum Thema Verwertung gesagt worden ist, funktioniert nur, wenn es Interessenten an Ihrer Idee gibt. Entscheidend ist: Wie finden Sie einen Käufer oder Lizenznehmer für Ihre Erfindung?

Die einfachste Antwort darauf lautet: Indem Sie Ihre Erfindung potenziellen Stakeholdern anbieten. Das sind alle Personen(gruppen), die ein Interesse am Verlauf oder Ergebnis eines Prozesses oder Projekts haben; beispielsweise auch Kunden oder Mitarbeiter. Eine App für mobile Geräte zum Auffinden leerer Parkplätze ist zum Beispiel für die Automobilindustrie und Hersteller von Navigationsgeräten oder -diensten interessant. Folglich sucht man die Marktplätze dieser Branche auf oder kontaktiert die Unternehmen direkt. Marktplätze sind thematisch passende Messen, Fachkongresse oder auch informellere Formate der passenden Branche. Haben Sie bislang keinen Bezug zu den Marktplätzen, können Sie dort Kontakte aufbauen. Vieles hängt von klassischen direkten Gesprächen ab, aber das Netzwerken und Finden von Lizenznehmern kann sich darauf alleine nicht beschränken.

Das Netzwerken müssen Sie maßgeblich über Plattformen im Netz betreiben. Facebook und andere soziale Medien können hilfreich sein, um Kontakte zu akquirieren. Für den professionellen Bereich sind Xing (www.xing.de) und LinkedIn (www.linkedin.com) interessanter. Tatsächlich kann es hier gut gelingen, Geschäftskontakte aufzubauen. Schicken Sie einfach eine Nachricht oder Kontaktanfrage an eine passende Person, die in einem interessanten Unternehmen sitzt, das als Lizenznehmer für Sie infrage kommt. Die meisten Teilnehmer bei den professionellen Netzwerken nehmen solche Anfragen als Geschäftsgelegenheit durchaus wahr und ernst. Kontinuierliches Netzwerken zahlt sich aus: Vielleicht haben Sie bislang nicht so sehr auf Kontakte in Unternehmen gesetzt, sondern andere Erfinderkollegen „gesammelt“. Dieses Netzwerk kann aktiviert werden. Formulieren Sie, was Sie suchen. Sicherlich wird der eine oder andere aus Ihrem Netzwerk jemanden kennen, der jemanden kennt.

Es gibt auch spezialisierte Communities für Erfinder, die auf der Suche nach Lizenznehmern sind. Dazu gehören:

- www.patent-verkauf.de
- http://marketplace.yet2.com
- www.inventspark.com
- www.ideaconnection.com/inventions
- www.inventnet.com
- www.patentauction.com
- http://ishow.inventionhome.com

Diese Angebote gehören allerdings nicht zur ersten Wahl. Sowohl die Aufmachung der Webseiten als auch die Referenzlisten zeigen, dass die Lizenzdeals eher woanders stattfinden – in der realen Welt.

Impressionen von der Erfindermesse in Nürnberg

Erfindermessen

Eine hervorragende Möglichkeit, die eigene Idee einem Fachpublikum und der Öffentlichkeit vorzustellen, ist der Besuch einer Erfindermesse. Das muss nicht gleich bedeuten, einen Stand zu mieten. Zunächst reicht es auch, nur als Besucher teilzunehmen. Erfindermessen finden über das Jahr verteilt überall in der Welt statt. Wenn Sie mit einem eigenen Messestand auftreten wollen, dann sollten Sie Ihre Idee längst geschützt haben. Denn die Präsentation Ihrer Idee auf einer Messe bedeutet rechtlich nichts anderes als deren Veröffentlichung. Haben Sie kein Patent angemeldet oder ein anderes Schutzrecht geltend gemacht, kann sie als öffentliches Gut betrachtet und daher von jedem nachgemacht werden. Daher sollten Sie sich genau überlegen, was und wie viel Sie von Ihrer Idee auf einer Erfindermesse preisgeben wollen.

Genauso wichtig ist übrigens, wie Sie sich auf einer Messe potenziellen Partnern präsentieren. Ideen verkaufen heißt, über sie zu kommunizieren. Messen bieten dazu verschiedene Möglichkeiten. Es gibt „Pitches" (Wettbewerbspräsentation von Agenturen oder Anbietern um einen Kunden bzw. einen Auftrag), „Slams" (Präsentationen vor Publikum im Schnellverfahren) und andere Formate, wo Erfinder vor Publikum präsentieren, was sie sich ausgedacht haben. Ein gut ausformulierter Pitch ist zwar schön und gut, um eine Vorstellung davon zu geben, was Sie vorhaben, doch wenn es konkret werden soll, dann brauchen Sie auch Anschauungsmaterial. Und hier gilt es, die Präsentation des eigenen Produkts mit möglichst geringem Aufwand zu einem maximalen Erfolg zu führen. Nehmen wir wieder das Beispiel eines Online-Sharing-Portals für Fahrräder: Ohne eine funktionierende Beta-Version der Webseite im Testbetrieb werden potenzielle Investoren nur schwer zu

Flink, klein und mit Elektroantrieb: Das „vielseitige Einsatzfahrzeug" wurde auf der Erfindermesse in Nürnberg präsentiert.

überzeugen sein. Mit einem wie auch immer gearteten Prototypen bewaffnet können Sie sich bei potenziellen Investoren vorstellen und zugleich eine greifbare Version Ihrer Idee präsentieren.

Bei den großen Messen wie zum Beispiel in Genf geht es tatsächlich sehr geschäftig zu. Es gibt zahlreiche Investoren, Inkubatoren (spezialisierte Einrichtungen beziehungsweise Institutionen, die Existenzgründer während der Unternehmensgründung unterstützen), Unternehmen und Agenten, die auf der Suche nach guten Geschäften sind. Große Firmen wie die Telekom und Google scannen relativ systematisch Start-up- und Erfindermessen, um neue Ideen und Konzepte kennenzulernen. Und wenn Google Ihnen tatsächlich auf die Schulter klopfen sollte und sich für Ihren Rucksackhelikopter interessiert, wäre es nicht verkehrt, dieses Unternehmen und andere in erster Linie als potenziellen Partner zu betrachten, mit dem durch eine Zusammenarbeit die Umsetzung Ihrer Idee erst ermöglicht wird. Die Angst vor einem Ideenklau durch eine große Firma ist dabei zumeist unbegründet, zumindest aber kontraproduktiv. Neben einem möglichen Imageschaden in der Öffentlichkeit besteht ja gerade der Reiz in der Investition und einer möglichen Gewinnbeteiligung ohne das Risiko, ein eigenes Geschäftsmodell zu entwickeln. Wenn Sie jemandem begegnen, der für einen Investor nach interessanten Geschäftsideen Ausschau hält, müssen Sie diesen von Ihrer Idee überzeugen und ihm das innovative Potenzial vermitteln: mit Prototypen, Informationsmaterial zur Idee und mit Ihrem eigenen Auftritt.

Ein großer Vorteil von Erfindermessen liegt in der Aufmerksamkeit durch die Presse. Dabei gilt: Je ungewöhnlicher die Idee, desto größer dürfte das Interesse an ihr sein. Effekthascherei bringt dabei allerdings gar nichts. Versuchen Sie, Journalisten gezielt anzusprechen und Ihre Innovation zu erläutern.

Genial oder viel zu umständlich? Der abschließbare Getränkeverschluss, mit dem man sich in Bars und Diskotheken vor K.O.-Tropfen schützen kann.

Wesentlicher Bestandteil von Erfindermessen sind darüber hinaus Auszeichnungen für besonders innovative und potenziell erfolgreiche Ideen. Sie erhöhen das Interesse von möglichen Investoren und geben der eigenen Vermarktung einen Schub. Um überhaupt eine Chance auf einen Preis zu haben, müssen Sie allerdings mit einem spannenden Konzept punkten können.

Weitere besonders wichtige Vorteile von Erfindermessen sind der direkte Kundenkontakt und das Feedback, das Sie sowohl von möglichen Käufern als auch von anderen Erfindern erhalten. Üblicherweise sind Sie selbst von Ihrer Idee ja absolut überzeugt. Das ist auch richtig und wichtig, denn nur so können Sie andere ebenfalls davon begeistern. Sie sollten sich aber im Klaren darüber sein, dass Sie nicht nur Begeisterung erfahren werden, sondern dass Sie in vielen Fällen erst einmal mit einer gehörigen Portion Skepsis und einigen Fragen konfrontiert werden:

- Gibt es das nicht schon?
- Worin liegt denn der Vorteil gegenüber konventionellen Geräten und Methoden?
- Wie wollen Sie damit Geld verdienen und vor allem
- von wem soll es gekauft werden?

Antworten darauf sollten eigentlich schon Bestandteil Ihrer anfänglichen Marktanalyse sein. Sehen Sie die Erfindermesse als eine Art Überprüfung Ihrer bisherigen Annahmen und Marktuntersuchungen: Der Messebesuch ist eine Form der Marktanalyse mit direkter Resonanz der potenziellen Zielgruppe. Nicht umsonst finden einige Erfindermessen zur gleichen Zeit wie Verbrauchermessen statt. So ermöglichen sie es den Besuchern, sich mit Konzepten von heute und morgen zu beschäftigen. Für die Erfinder bietet das die Möglichkeit, sich der Kritik des Verbrauchers zu stellen und die eigene Idee auf den Prüfstand zu stellen – und gegebenenfalls auch Konsequenzen daraus zu ziehen, falls alle Sie auslachen sollten. Eine pragmatische Konsequenz daraus ist nicht, in Opposition zu gehen, sondern genau zu analysieren, was Sie besser machen können, um Erfolg zu haben. Insofern: Seien Sie für jede Art von Kritik dankbar – sie bringt Ihr Projekt weiter.

ÜBERREGIONALE ERFINDERMESSEN

- Die Messe **Maker World** in Friedrichshafen hat einen Schwerpunkt auf technischen Innovationen. Sie spricht gezielt Tüftler und Bastler an und bietet eine Plattform zum Verkaufen, Netzwerken und Austauschen. Zu den Schwerpunkten zählen neben Technik und Elektronik auch der 3D-Druck. (www.maker-world.de)
- Die **Inventions-Messe** in Genf ist eine internationale Messe für Erfindungen und neue Techniken. Mehr als die Hälfte der Aussteller stammt aus Asien. Mit fast 800 Ausstellern ist sie eine der größten ihrer Art. (www.inventions-geneva.ch)
- Die **IENA-Messe Nürnberg** ist eine Fachmesse für Ideen, Erfindungen und Neuheiten. Sie beschäftigt sich vor allem mit den Herausforderungen des Erfindertums und umfasst sowohl einfache Problemlösungen als auch Hightech-Anwendungen. Ein großer Vorteil der Messe ist, dass sie zusammen mit der Verbrauchermesse Consumenta stattfindet und damit den unmittelbaren Austausch zwischen Erfindern und Verbrauchern ermöglicht. (www.iena.de).
- Die **Maker Faire – Messe in Hannover** deckt so ziemlich das gesamte Spektrum an denkbaren Erfindungen ab. Ob Handwerker, Künstler oder Bastler: Ein Schwerpunkt liegt auf dem Mitmachen und Ausprobieren. Die Messe versteht sich selbst als familienfreundliches Festival (www.makerfairehannover.com)
- Auf der Messe **Make Munich** in München präsentieren Aussteller neue Trends in den Bereichen 3D-Druck, Do It Yourself sowie Basteln und Tüfteln. Als besonders junge Messe fand sie 2013 erstmalig statt. (www.make-munich.de)

Natürlich kann es passieren, dass Ihr Konzept auf überwiegend negative Resonanz stößt und Sie keine Interessenten für einen Lizenzkauf gewinnen konnten. Dann ziehen Sie Konsequenzen daraus. Konkret heißt das: Fragen Sie sich, ob Ihre erste Marktanalyse möglicherweise an der Zielgruppe vorbeiging oder sich Ihr Konzept so von der ursprünglichen Idee entfernt hat, dass davon möglicherweise nicht mehr viel übrig geblieben ist. Vielleicht merken Sie auch erst jetzt, dass es bereits Konkurrenzprodukte gibt.

Wichtig ist, dass man mit dem Ziel seine Idee zu verkaufen, an Menschen herantritt. Wenn es keine Interessenten gibt, dann kann man so immerhin Feedback sammeln und die eigene Präsentation überarbeiten.

INTERVIEW

Erfindermessen als Börsen – nachgehakt bei Henning Könicke

Henning Könicke ist Projektleiter der IENA in Nürnberg, einer der weltweit größten Erfinderfachmessen. Jedes Jahr werden dort vor allem Erfindungen freier Erfinder präsentiert und vermarktet. Fachbesucher aus mehr als 40 Ländern reisen an, Wettbewerbe und Foren vernetzen Erfinder und Investoren.

? Wie wichtig ist in Zeiten des Internets eine klassische Erfindermesse?

" Die unbestreitbaren Vorzüge des Internets hinsichtlich der Zugänglichkeit von Informationen und die Kontaktaufnahme über soziale Netzwerke können auch im 21. Jahrhundert die Vorteile des persönlichen Gesprächs und der Livepräsentation nicht überwiegen. Das physische und haptische Erleben der Erfindung bei einer Messe ist gerade bei sehr erklärungsintensiven Innovationen unerlässlich. Auch die Livekommunikation zwischen Erfindern, Entwicklern, nationalen und internationalen Erfinderverbänden und Patentämtern ist so nur auf einer Fachmesse möglich. Neue Ideen können so (weiter)entwickelt werden, Kontakte geknüpft, Vorurteile und gegebenenfalls Berührungsängste durch das persönliche Gespräch überwunden werden.

? Wie präsentiere ich als freier Erfinder meine Idee auf einer Messe so, dass ich Investoren und Lizenznehmer finde?

" Fachbesucher verfügen normalerweise nur über ein sehr knappes Zeitbudget für den Besuch einer Messe. Deshalb sollte man sich intensiv auf die Messe vorbereiten und den Neuigkeitswert und den Nutzen der Erfindung so prägnant und einfach wie möglich darstellen. Als hilfreich erweist sich dabei die Präsentation eines Musters, Modells oder Prototyps. Ebenso wichtig ist gutes Infomaterial, das die Erfindung für jedermann verständlich erklärt. Gegenüber den Messebesuchern sollte stets aktive Kontaktbereitschaft signalisiert werden, denn bei Messen gibt es oft nur eine einzige Chance, um in Kontakt mit einem potenziellen Interessenten zu kommen. Ist diese vertan, gibt es häufig keine Wiederholungsmöglichkeit.

? Was sind die Voraussetzungen für eine erfolgreiche Vermarktung einer

Idee? Und durch welche Services unterstützen Erfindermessen die Vermarktung?

„ Voraussetzung ist in jedem Fall eine fundierte Marktrecherche, der Markt muss reif sein für die Produktneuheit. Auch bei den Medien stoßen Erfindungen zu aktuellen Problemstellungen auf besonders großes Interesse. Des Weiteren sollte die Erfindung vor einem Messeauftritt ausreichend geschützt sein (Patent beziehungsweise Gebrauchsmuster). Nur dann lassen sich eine erfolgreiche Verwertung und wirtschaftlicher Erfolg realisieren. Die IENA Nürnberg versteht sich als interaktiver Marktplatz, auf dem Erfinder und Verwerter/Unternehmen zueinander finden. Die einzigartige Palette an Ideen, Erfindungen und Neuheiten, eine professionelle Presse- und Öffentlichkeitsarbeit sowie vielfältige Werbemaßnahmen verschaffen der IENA weltweit eine beachtliche Medienresonanz, von der die Aussteller profitieren. Als Veranstalter unterstützen wir aktiv das Netzwerken zwischen den Ausstellern, beteiligten Verbänden, Hochschulen und dem Internationalen Patentinformationszentrum mit dem Deutschen Patent- und Markenamt und weiteren Partnern. Auch die umsichtige Vergabe der IENA-Medaillen und Sonderpreise für besonders herausragende Erfindungen durch die internationale Fachjury schafft für die Erfinder zusätzliche Öffentlichkeit. Darüber hinaus ergeben sich durch Kooperationen mit Fachverbänden oder anderen Fachmessen wertvolle Synergien. Das IENA-Forum ermöglicht mit Fachvorträgen und Diskussionsrunden rund um die Erfindertätigkeit einen intensiven Gedankenaustausch und gibt neue Anstöße.

? Mit welchen Kosten müssen Erfinder rechnen, die in Nürnberg ausstellen?

„ Die IENA bietet bezugsfertige Messestände für jedes Budget. So beträgt der Preis für einen Basic-Reihenstand ($4m^2$) 1 060 Euro. Für deutsche Erfinder und Innovatoren besteht ab diesem Jahr erstmals die Möglichkeit, am Gemeinschaftsstand „Innovationen aus Deutschland" teilzunehmen. Der Komplettpreis für dieses Standpaket beträgt 750 Euro. Umfangreicher ausgestattete Messestände sind jederzeit möglich. Zu den Standgebühren wird noch der Eintrag im Messekatalog berechnet. Der persönliche Kontakt zu den Ausstellern ist uns wichtig, daher erstellen wir gerne bei Interesse ein maßgeschneidertes Beteiligungskonzept.

Der richtige Messeauftritt

Auf einer Erfindermesse aufzutreten ist eine Herausforderung. Es reicht nicht aus, einfach dort zu sein und vielleicht einen eigenen Stand zu haben, der in der Regel bei den größeren Messen ab Preisen von rund 400 Euro zu haben ist. Sämtliche Messen bieten ganz unterschiedliche Formate der Präsentation von Ideen. Darüber sollten Sie sich informieren und sich unter anderem zu Pitches, Foren, Diskussionsrunden oder Wettbewerben für freie Erfinder beziehungsweise Schüler anmelden. Wichtig ist auch, dass Sie sich in Ausstellerkataloge eintragen lassen, damit man Sie findet. Neben den einfachen Einträgen können Sie zusätzlich Anzeigen im Messekatalog oder in anderen Werbeformaten buchen. Ganzseitige Anzeigen im Messekatalog der IENA in Nürnberg kosten beispielsweise 400 Euro. Rechnen Sie außerdem Grafikkosten für eine druckfähige Vorlage hinzu.

Sammeln Sie von allen Gesprächspartnern die Visitenkarten ein. Denken Sie ebenfalls daran, dass Sie für die Messe stets entsprechende Informationsmaterialien zur Hand haben:

- Visitenkarten
- Dokumentationen Ihrer Idee
- Ihren Lebenslauf (CV; Curriculum Vitae)

Medienvertreter sind auf Messen präsent und wichtige Vermittler Ihrer Idee. Auch über einen Artikel in einer Zeitung werden potenzielle Partner auf Sie aufmerksam. Im Falle, dass Sie jemand von der Presse, von Funk und Fernsehen anspricht, halten Sie eine Pressemitteilung bereit, die Ihre Idee auf maximal ein, zwei Seiten allgemein verständlich skizziert.

Bildmaterial ist unbedingt notwendig, denn ohne Bild läuft heute in den Medien fast keine Geschichte mehr. Druckfähige, qualitativ gute Bilder sollten Sie auf einer DVD mitsamt den Textinformationen in einer kleinen Pressemappe verteilen. Auf den Messen können darüber hinaus Pressefächer gemietet werden, wo Sie Ihre Mappen hinterlegen. Journalisten greifen die Infos in den Fächern oft systematisch ab und können so auf Sie aufmerksam werden.

Überlegen Sie darüber hinaus, mit welchen weiteren Maßnahmen Sie Aufmerksamkeit erwecken möchten. Sie können zum Beispiel Werbematerial wie Postkarten, Aufkleber oder kleine Werbegeschenke produzieren – je nachdem, wie umfangreich Sie Ihre Akquise auf der Messe gestalten wollen.

Nur so erreichen Sie Ihr Publikum und können konkrete Verhandlungen führen – sei es mit Endkonsumenten oder interessierten Firmen als Lizenznehmer, Verwertern wie Consulting-Büros oder internationalen Verwertungsfirmen.

Apropos internationale Verwertungsfirmen: Für die sollten Sie alle Informationsmaterialien – zumindest aber eine aussagekräftige Kurzzusammenfassung – auch in professionellem Englisch bereithalten.

Nachbearbeitung von Messeauftritten

Veni, vidi, vici – das gilt nur für die wenigsten Teilnehmer von Erfindermessen. Eine der international größten Messen, die IENA in Nürnberg beispielsweise, verzeichnet auf der Messe selbst nur relativ wenige Vertragsabschlüsse. 2013 konnten auf der Messe zum Beispiel lediglich 29 Aussteller konkrete Abschlüsse tätigen, mehrere hundert Anbieter gingen erst einmal leer aus.

Entscheidend ist, ob sich Abschlüsse und Vermarktungsmöglichkeiten noch zu einem späteren Zeitpunkt ergeben. Seien Sie deshalb nach einer Messe keinesfalls passiv und warten einfach nur ab, ob sich vielleicht noch ein interessanter Verwerter bei Ihnen meldet.

Alle Kontakte, die Sie auf einer Messe hatten, müssen nachbearbeitet werden. Viele Gespräche und kurze Händedrücke sind schnell vergessen. Nutzen Sie die gesammelten Visitenkarten, um an alle Gesprächspartner nach der Messe eine Mail zu schicken. Bedanken Sie sich für das Gespräch und Interesse, haken Sie nach, ob noch weitere Infos gebraucht werden oder man sich noch einmal ausführlicher unterhalten sollte. Nach einer ersten Mail ist auch das telefonische Nachfassen üblich, falls sich aus den bisherigen Maßnahmen noch keine konkreten Gespräche ergeben haben.

Agenten, Verwerter, Consulting-Büros

Messen sind Tummelplätze für die internationale Verwerter-Community. Man muss sich im Klaren darüber sein, wer diese Verwerter-Community ist. Nicht immer steht ein Vertreter von Siemens vor Ihnen, der Ihnen Ihr Patent abkauft – tatsächlich wird das wohl eher unwahrscheinlich sein. So werden Sie auf den Messen eher Consultants kennenlernen, die Sie beraten wollen, wie Sie Ihre Idee noch besser verwerten. Sie lernen PR-Agenturen kennen, die auf Ihre Branche spezialisiert sind und Ihnen mehr Öffentlichkeit versprechen. Es wird auch Agenten geben, die Sie vertreten und die aufwendige Kontaktarbeit zu potenziellen Verwertern abnehmen wollen. Daneben gibt es Verwerterbüros, die Ihre Idee kaufen und in Eigenregie und eigener unternehmerischer Verantwortung weiterverwerten möchten.

Hören Sie sich genau an, was all diese Personen von Ihnen wollen. Für manche sind Sie selbst zahlender Kunde für weitere Dienstleistungen. Und diese Dienstleistungen können Sie vielleicht wirklich als weiteren Anschub brauchen. Möglicherweise generieren Sie aber durch eine Zusammenarbeit mit solchen Beratern nur zusätzliche Kosten. Jedenfalls gilt: Prüfen Sie genau, ob ein eingehender Kontakt vielleicht sinnvoll ist. Bekannte und seriöse Verwerter finden sich weltweit. Einer davon ist die Munich Innovation Group GmbH. Diese Dienstleister sind auf bestimmte Branchen spezialisiert und bieten:

- Professionelle Analyse Ihres Patents
- Unterstützung mit dem eigenen Know-how und Firmenkontakten
- Gezielte Kundenakquise
- Provisionsbasiertes Arbeiten

Dieses Spektrum gibt Ihnen einen Hinweis darauf, was seriöse Verwerter leisten sollten. Insbesondere die provisionsbasierte Bezahlung ist ein Qualitätszeichen solcher Akteure. Das bewirkt, dass sie Erfinder auch nur dann vertreten, wenn sie selbst ein starkes eigenes Interesse an deren Erfindung haben.

INTERVIEW **Patentvermarktung – nachgehakt bei Gerhard Muthenthaler**

Die Erfinderhaus Patentvermarktungs GmbH ist ein Dienstleister für Erfinder und bietet neben direkten Services für Erfinder, Vermarktungsplattformen, einen Großhandel und Erfinderladen an. Gerhard Muthenthaler ist einer von zwei Partnern des Erfinderhauses.

? Das Erfinderhaus bietet laut Eigenwerbung einen besonderen Service für Erfinder. Was sind diese Besonderheiten, die Sie auszeichnen?

" Die Besonderheit unserer Leistungen sehen wir vor allem in der Möglichkeit, den Erfinder bis zum Kunden zu begleiten. Anders als reine Berater haben wir die Möglichkeit, das Produkt so lange zu begleiten, bis der Markt entscheidet, ob er das Produkt annimmt oder nicht. Desweiteren haben wir die Möglichkeit, die Produkteinführung durch gezielte Marketing- und PR-Aktivitäten zu unterstützen. Gerade im Bereich der Innovation und Produkteinführungen ist dieser ganzheitliche Marketingansatz nicht zu unterschätzen. In allen Bereichen greifen wir als Unternehmen auf ein über Jahre ausgebautes Netzwerk und langjährige Erfahrungen im Umgang mit Unternehmen zurück.

? Sind gecoachte Erfinder wirklich erfolgreicher? Haben Sie Erfolgsstories aus dem eigenen Haus?

" Ja und nein. Wenn ein Erfinder Durchhaltevermögen hat und den Willen, sich in die Thematik einzulesen und auch seine Idee selbst ehrlich zu hinterfragen, kann er natürlich auch ohne Coaching erfolgreich sein. Vorteile in der Zusammenarbeit mit einem Berater sind oft neben den Fachkenntnissen auch die über Jahre aufgebauten Beziehungen und das Netzwerk. Ein Beratungsunternehmen schaut auch immer noch mal mit einem objektiveren Blick auf die jeweilige Idee und kann gegebenenfalls auch noch mal nachjustieren beziehungsweise zusätzliche Ideen einbringen. Dieser Punkt ist bei Einzelerfindern besonders wichtig. Bei einem Erfinderteam kommt es auf die richtige Mischung an. Viele unserer Erfolgsstories kann man im Laden sehen, erkennbar an den Aufstellern mit der jeweiligen Erfindergeschichte, oder auf den Onlineblogs der Erfinderläden oder des Onlinemagazins „Land der Erfinder".

? Welche Kosten haben Erfinder, wenn sie mit Ihnen zusammenarbeiten?

" Das kann von wenigen hundert Euro für eine bestimmte Dienstleistung (Verpackungsdesign, Pressearbeit,...) bis hin zu einigen tausend Euro für Marktrecherchen, Prototypenbau und so weiter gehen. Hier ist es mir wichtig zu sagen, dass Erfinder oft das ganze Geld für Schutzrechte ausgeben, weil sie der Meinung sind, dass die Verwertung sofort Geld bringe.
Als ersten Schritt, noch vor einer Anmeldung kann ich jedem Erfinder empfehlen, gründlich selbst zu recherchieren und das eine oder andere Buch über Produkteinführung zu lesen. Wenn man diese grundlegenden Arbeiten von einem Berater erledigen lässt, sind sie naturgemäß um ein Vielfaches teurer und können zum Ergebnis führen, dass man schließlich erfährt, dass eine Erfindung bereits existiert oder aus anderen Gründen schlechte Chancen hat. Diesen Frust kann man sich aber mit etwas Vorbereitung ersparen.

? Die Beratungs- und Verwerterszene ist relativ groß. Woran erkennen Erfinder seriöse Angebote?

" Das ist ganz ähnlich wie bei allen Dienstleistungen. Wie lange gibt es jemanden? Was sagen andere über ihn? Was gibt es an greifbaren Ergebnissen oder Referenzen? Liegen die Kosten vor einer Umsetzung auf dem Tisch oder hat man undurchschaubare Tagessätze? Und nicht zuletzt: Was sagt der Bauch? Das wird im Geschäftsleben immer wichtiger und immer mehr erkannt. Wenn man sich irgendwo unsicher ist: so lange Fragen stellen, bis man mit einem guten Gefühl in eine Geschäftsbeziehung geht. Je mehr sich ein Erfinder mit den Abläufen einer Verwertung selbst auskennt, umso einfacher kann er ein gutes Angebot von einem weniger guten unterscheiden.

BESTANDSAUFNAHME

- ☐ Was möchten Sie aus Ihrer Idee machen? Kooperation, Verkauf oder ein eigenes Unternehmen?
- ☐ Was ist, wenn niemand Ihre Idee kaufen möchte? Aufgeben oder Selbstständigkeit?
- ☐ Wenn Sie an eine berufliche Selbstständigkeit denken – welches Gefühl bekommen Sie? Angst oder ein Gefühl von großer Freiheit?
- ☐ Wie sehr brauchen Sie Sicherheit im beruflichen Umfeld?
- ☐ Sind Sie eventuell finanziell abgesichert, haben Sie Eigenkapital?

Der nächste Schritt wartet. Wenn Sie die Fragen unserer Bestandsaufnahme durchgehen und ehrlich beantworten, könnte dieser nächste Schritt der in die Selbstständigkeit sein.

DER WEG ZUM UNTERNEHMER

WAS SIE IN DIESEM KAPITEL ERWARTET…

Wenn Sie weiterhin an Ihre Idee glauben und Sie selbst umsetzen möchten, erfahren Sie jetzt, was eine erfolgreiche Existenzgründung ausmacht. Vom Businessplan bis zur Finanzierung werden Sie übliche, aber auch unkonventionelle Konzepte kennenlernen, die Ihnen den Weg in die Selbstständigkeit ebnen sollen. Sie erfahren Hilfestellungen zu allen relevanten Bereichen des Unternehmerwerdens und sollen das Kooperieren in Netzwerken noch weiter verinnerlichen. Auch Geld ist wichtig, aber manchmal nicht zur richtigen Zeit am richtigen Ort. Deshalb wollen wir Ihnen vermitteln, welche Wege zum Geld führen. Mittel zur Finanzierung gibt es eigentlich genug, man muss nur wissen wo.

Der Zeise-Komplex: Nur weil man einmal Erfolg hatte, ist man deshalb noch kein Genie, das immer Volltreffer landet.

Sie sind jetzt an einem Punkt angelangt, an dem Sie sich entschieden haben, ob Sie Ihre Idee selbst verwerten beziehungsweise zumindest mehr Nutzen aus ihr ziehen oder ob Sie sie als bloße Idee auf dem Papier verkaufen. Für Sie zählt, dass Ihre Idee eine große Karriere vor sich hat und in ihrem Markt erfolgreich bestehen kann. Diesen Markt definieren Sie nach eingehender Analyse als so groß, dass Ihre Produktidee mehr wert ist als ein bisschen Geld, das Sie eventuell bei einem Lizenzverkauf einnehmen würden.

Ein anderes Szenario ist auch denkbar: Trotz positiver Marktanalyse und zahlreicher Versuche, Geschäftspartner auf Börsen und bei sonstigen Gelegenheiten zu bekommen, hat sich bislang keine wirkliche Geschäftsmöglichkeit ergeben. Was tun? Ist das das Ende Ihres Projekts; sollten Sie es besser begraben?

Wenn Sie sich von den Entscheidungen anderer beeinflussen lassen wollen, wäre das die Konsequenz. Sie können aber auch in die umgekehrte Richtung denken und sich sagen: Jetzt erst recht! Doch vergessen Sie nicht, dass dieses „Jetzt erst recht!“ niemals blinder Aktionismus sein darf. Wenn sich bislang niemand für Ihre Idee interessiert hat und niemand ein Geschäft darin sieht, ist das schließlich eine wichtige Botschaft, die Sie bis ins letzte Detail ganz nüchtern analysieren müssen. Wer das nicht tut, kann untergehen. Wer hier falsche Visionen und Ehrgeiz über die Vernunft stellt, kann nicht erfolgreich sein. Nennen wir das den Zeise-Komplex, vor dem jeder Ideenmacher sich schützen muss, bevor es mit der Verwirklichung seiner Idee weitergehen kann.

Zeise-Komplex? Der soll hier stellvertretend für den größten Fehler stehen, den Erfinder begehen können: Sich selbst zu überschätzen. Selbstüberschätzung entsteht aus unterschiedlichen Gründen, bei-

Dumm gelaufen: Beim Millionenseller Tetris konnte der Erfinder erst einen Anteil an den Verkaufserlösen beanspruchen, als die Begeisterung dafür schon spürbar abgekühlt war.

spielsweise durch gefühlte moralische Verpflichtungen. Spüren Sie einmal den kleinen, ganz persönlichen Verbindlichkeiten und Verbindungen Ihres Netzwerks, inklusive Ihrer Familie, nach: Da wird dann zum Beispiel jemand allmählich zum Extremsportler hochstilisiert – einer, der nie aufgibt. Und das nur, weil er einmal eine mehrtägige Bergwanderung unternommen hat, bei der es etwas geregnet hat. Solche Etiketten wirken sich auf das Handeln solcher Personen aus und verklären manchmal ihre Sicht auf die Realität.

Mehr als verklärend ist das, was in unserer Beispielgeschichte passierte: „Wir sind Erfinder!" – Dieser Leitspruch gehörte zum Selbstverständnis der Familie Zeise aus Hamburg-Altona. Über Generationen hatte ihnen ihr Erfindergeist Wohlstand gebracht. Sei es die Gulaschkanone oder die Duschkabine – all diese Ideen wurden von Theodor und Peter Zeise entwickelt und zum Patent angemeldet. Die tragfähigste Erfindung war die Entwicklung von Schiffsschrauben – Propeller genannt. 1920 ging Theodor Zeise mit einem Patent dafür auf den Markt, und über Jahrzehnte verkaufte er sehr erfolgreich an deutsche Reedereien. Sogar auf dem internationalen Markt konnte er eine Zeit lang bestehen und rüstete 1958 eine Yacht des griechischen Reeders Aristoteles Onassis mit einem riesigen Propeller aus. Unglücklicherweise vererbte sich Zeises Erfindergeist nicht wirklich an seine Nachfahren. Dennoch war der Mythos um seinen Namen so stark, dass er in der Lage war, ganze Identitäten zu überdecken. Sein Neffe Alfred Zeise war so überzeugt davon, als echter Zeise auch geniale Ideen unters Volk bringen zu können, dass er sich selbst von haarsträubenden Flops nicht entmutigen ließ. Über die Jahrzehnte hinweg verbrannte er so das Geld der Familie. Niemand wusste genau, was Alfred Zeise eigentlich arbeitete und woran er tüftelte. Aber er war ja ein echter Zeise, also musste doch etwas Großartiges dabei herauskommen. Nach seinem Tod fand sich auf dem Dachboden das Ergebnis seiner heimlichen Entwicklungsarbeit: Unter anderem Tausende von Schuppenkämmen lagerten dort. Die ebenso nutzlosen wie unverkäuflichen Teile waren mit einer Rille ausgestattet, die beim Kämmen die Schuppen sammeln sollte. Über Generationen hinweg hatte der Familienmythos „Wir sind Erfinder!" geniale Ideen vorangebracht und die Verwandtschaft zum Wettbewerb der besten Ideen angefeuert. Nun aber riss genau dieser Mythos die ehrwürdigen Zeises, die lange als „die Buddenbrooks von Altona" galten, gnadenlos in den Abgrund.

Alexei Leonidowitsch Paschitnow (*1956)
Alexei Leonidowitsch Paschitnow ist ein russischer Programmierer, der in den 1980er Jahren an der Moskauer Akademie der Wissenschaften arbeitete. Zusammen mit Wadim Gerassimow entwickelte er 1984 eines der populärsten Computerspiele der Welt: **Tetris.** Das Spiel verkaufte sich viele Millionen Mal. Insbesondere durch den von Nintendo entwickelten Game Boy erreichte Tetris Kultstatus. Vom Erfolg des Spiels profitierte Paschitnow jedoch nur marginal, denn offiziell vertrieb die Sowjetunion das Spiel. Erst als die Rechte 1996 ausliefen, flossen Gelder aus dem Verkauf auch dem eigentlichen Erfinder zu. Zu diesem Zeitpunkt war der Hype um Tetris jedoch schon längst abgeflacht.

Dem Zeise-Komplex steht der Frosch-Komplex gegenüber. Die Lehre vom Frosch-Komplex bedeutet schlicht, dass manchmal der Markt erst wachgeküsst werden muss, damit eine Idee erfolgreich werden kann. Es gibt unzählige Beispiele solcher Ideenfinder, wie Sie es ja auch vorerst nur sind – Menschen, die nicht verstanden wurden oder zu früh beziehungsweise am falschen Ort zur falschen Zeit da waren. Die Idee, Harry Potter zu kreieren und in mehreren Büchern Abenteuer erleben zu lassen, fanden am Anfang etliche Verlage äußerst unattraktiv und lehnten das Manuskript von Autorin Joanne K. Rowling ab, eine krasse Fehleinschätzung. Aus der Start-up-Szene sind viele weitere solcher Beispiele bekannt. Crowdfunding hielten Investoren vor zehn Jahren für Unsinn – auch wenn es in vielen Punkten nur die Aktualisierung des alten Genossenschaftsgedankens war. Jede echte Innovation wird mit viel Kulturkritik begleitet. Das Auto, das Flugzeug, der Computer – immer gab es die Fraktionen, die darin keinen Sinn sahen. Und immer gab es glühende Verfechter der eigenen Idee, die sich mit Mühe und Not über

Wasser hielten und hier und da Geld zusammenliehen – ganz offensichtlich sehr frustrationstolerante Einzel- und Überlebenskämpfer. Eines hatten diese Menschen allerdings gemeinsam: Sie haben an sich und ihre Idee geglaubt und aus eigener Kraft ein funktionierendes Unternehmen aufgebaut.

Genau das wollen wir Ihnen ebenfalls nahelegen, wenn Ihre Bemühungen bereits bis zu dieser Stelle fortgeschritten sind. Wenn Sie Ihre Idee, aus welchen Gründen auch immer, alleine realisieren möchten, dann sind Sie auf dem besten Weg, ein Unternehmer zu werden. Dabei spielt es absolut keine Rolle, ob Sie ein Unternehmen aus der Not heraus gründen oder sich bewusst dazu entscheiden und vielleicht sogar schon lukrative Angebote für Ihre Idee ausgeschlagen haben. Mit Mut und einer konkreteren Vorstellung vom Nutzen Ihrer Idee geht es nun darum, ein Modell zu erstellen, mit dem Sie Ihre Idee zur marktreifen Geschäftsidee entwickeln können. Eine Basis dafür ist die Erstellung eines eigenen Businessplans.

DER BUSINESSPLAN – FAHRPLAN ZUR UMSETZUNG IHRER IDEE

Vielen, die an eine Selbstständigkeit denken, ist zunächst gar nicht klar, worin der Nutzen eines Businessplans liegt. Sie glauben, dass eine gute Idee mit wenig Aufwand möglichst schnell auf den Markt muss. Dabei vergessen sie viele wichtige Aspekte, die später dazu führen können, dass das Projekt von der Umsetzung der eigenen Idee scheitert. Um diesen Sachverhalt bildlich zu machen: Stellen Sie sich vor, Sie wollen mit dem Auto zum ersten Mal eine lange Strecke fahren, von der Sie nur Start- und Zielort kennen. Würden Sie ohne Straßenkarte oder Routenplaner einfach so drauflosfahren? Auf solche Abenteuer lassen sich doch ehrlich gesagt nur Unvernünftige ein. Doch was hat das mit Ihrem Businessplan zu tun? Nun, streng genommen wird er Ihnen als Routenplaner dienen. Er soll Ihnen einen klaren Durchblick auf eine erfolgreiche Fahrt garantieren. Diese fünf Gründe zeigen Ihnen, warum Sie auf einen Businessplan nicht verzichten sollten:

- Als Planungsinstrument bietet Ihnen der Businessplan die Möglichkeit, die bereits vollzogenen Schritte von der eigenen Marktanalyse bis hin zur Marken- oder Patentanmeldung systematisch aufzuarbeiten und zu erfassen. Zugleich können Sie sich immer wieder an den einzelnen Schritten orientieren. Untersuchungen haben gezeigt, dass sich viele Existenzgründer nicht genügend mit der Gründungsplanung beschäftigen und daher scheitern.[19]

- Ihr Businessplan bietet Ihnen eine Übersicht über alle wichtigen Bestandteile Ihrer Existenzgründung. Er kann Ihnen schnell helfen, Stärken und Schwächen Ihrer eigenen Ideen aufzudecken und zeigt Ihnen, in welchen Bereichen Ihres Unternehmens eine genauere Konzeption erforderlich ist.
- Mit dem Businessplan haben Sie die Möglichkeit, die eigene Strategie zu überdenken. Er fasst alle einzelnen Aspekte Ihrer Geschäftsidee zusammen und ermöglicht es Ihnen abzusehen, wie hoch Ihre Erfolgsaussichten sein können. Unter Umständen wird Ihnen der Businessplan schnell klar machen, dass die Entwicklungskosten für die Umsetzung Ihrer Idee dermaßen hoch sind, dass Sie über deren Abwandlung nachdenken sollten.
- Zur Überprüfung Ihres eigenen Fortschritts können Sie anhand des Businessplans immer sehen, wie weit Sie mit der Umsetzung Ihrer Idee schon gekommen sind. Dabei werden Sie schnell merken, wie viel Zeit und möglicherweise Geld Sie bereits investiert haben und wie weit Sie von Ihrem Ziel noch entfernt sind. Ihr Businessplan ermöglicht Ihnen somit immer wieder eine Standortbestimmung und dient als roter Faden.
- Ebenso wie der Pitch (siehe Seite 103) prägt der Businessplan Ihre Kommunikation nach außen. Spätestens, wenn es darum geht, Geldgeber von Ihrem Konzept zu überzeugen, reicht es nicht mehr nur zu erzählen, was Sie vorhaben. Stattdessen müssen Sie in Form des Businessplans Fakten auf den Tisch legen. Auf seiner Grundlage können Sie kommunizieren und Argumente für eine erfolgreiche Umsetzung Ihrer Idee darlegen.

Gerade in der Welt der Kreativen schrecken viele vor der Erstellung eines Businessplans zurück. Da er zumeist nur von Banken oder anderen Geldgebern eingefordert wird, verzichten diejenigen, die sich ohne externes Kapital selbstständig machen wollen, nur zu gerne auf ihn. Wenn es Ihnen aber wirklich ernst mit der Gründung eines Unternehmens ist, sollten Sie auf keinen Fall auf den Businessplan verzichten. Gerade weil Sie sich bis hierhin schon so viele Gedanken zur Umsetzung Ihrer Idee gemacht haben, dürfte es Ihnen leicht fallen, ein ausgiebiges Konzept Ihrer Geschäftsidee aufzuschreiben.

Ein Businessplan richtet sich an zwei Adressaten; zum einen an Sie selbst, um die Chancen der eigenen Selbstständigkeit zu erhöhen, indem Sie den Überblick behalten. Zum anderen richtet er sich an potenzielle Geschäftspartner oder Kreditgeber. Daher ist es wichtig, einige grundlegende Bestandteile im eigenen Businessplan zu berücksichtigen. Er wird damit zu Ihrem zentralen Kommunikationsmedium, das Ihre Idee übersichtlich darstellt.

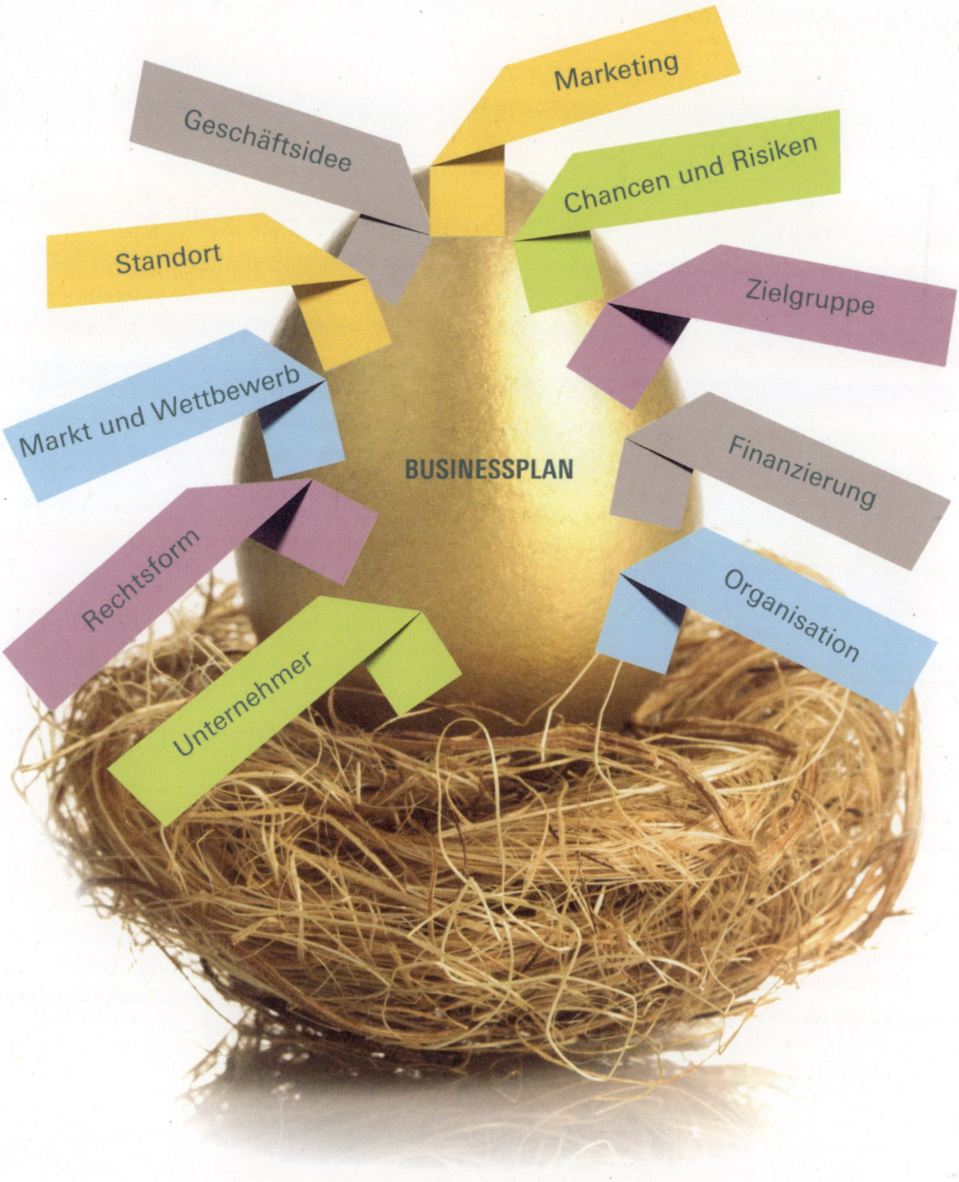
Marketing
Geschäftsidee
Chancen und Risiken
Standort
Zielgruppe
Markt und Wettbewerb
BUSINESSPLAN
Finanzierung
Rechtsform
Organisation
Unternehmer

Was gehört in einen Businessplan?

Der große Vorteil eines Businessplans liegt vor allem in seiner einheitlichen Struktur. Es gibt einige grundlegende Punkte, die in keinem Businessplan fehlen dürfen.[20]

1 An erster Stelle steht eine Zusammenfassung Ihrer Geschäftsidee, die auch als „Management Summary" bezeichnet wird. Im Grunde handelt es sich dabei um eine komprimierte Darstellung Ihres Vorhabens. Sie soll den Leser mit einem schnellen Überblick über Ihr Vorhaben informieren. Auch wenn die Zusammenfassung am Anfang des Businessplans steht, sollten Sie sie erst ganz am Ende schreiben. Gerade weil die Zusammenfassung aber am Beginn steht, muss sie alle folgenden Punkte des Businessplans verständlich zusammenfassen und insbesondere das Interesse des Lesers wecken. Schließlich möchten Sie, dass er weiter liest. Sie darf trotzdem keinesfalls zu lang sein. Zeigen Sie auch hier, was das Besondere an Ihrem Konzept ist – denn das ist schließlich der Grund, warum Sie sich selbstständig machen wollen.[21]

2 Ein wichtiges Element des Businessplans ist die Vorstellung des Gründungsteams. Zu wissen, mit wem man es zu tun hat, ist ein legitimes Recht. Ob allein oder gemeinsam mit Geschäfts- oder Kooperationspartnern: Hier zeigen Sie, über welche Qualifikationen und Berufserfahrungen Sie verfügen. Außerdem müssen Sie nachweisen, dass Sie nicht nur Ahnung von der Branche haben, sondern auch über kaufmännische Kompetenzen verfügen. Da es in dem Punkt durchaus um persönliche Aspekte geht, können Sie eigene Stärken aber auch Schwächen aufzeigen. Versuchen Sie dabei, ebenso Ihre Kooperationspartner zu integrieren und sich als ein Team aufzustellen, das sich engagiert und gegenseitig ergänzt. Ein Blick in die USA zeigt, dass viele Start-ups zumeist aus drei bis sechs Personen bestehen, die alle einen unterschiedlichen Hintergrund mit in das Unternehmen bringen. Wenn Sie also eine Onlineplattform aufbauen wollen und selbst den Background des Programmierens mitbringen, dann sollten Sie nicht noch zwei weitere Informatiker mit ins Boot holen, sondern Ausschau nach jemandem mit betriebswirtschaftlichem Know-how halten. Das Gleiche gilt auch für Tüftler oder Bastler, die besser nicht ausschließlich mit Ingenieuren zusammenarbeiten sollten.

3 Im nächsten Schritt sollten Sie das eigentliche Produkt oder Ihre Dienstleistung vorstellen. Hier müssen Sie zunächst einmal, wie schon in der Zusammenfassung, das Besondere an Ihrem Angebot aufzeigen. Erläutern Sie den Entwicklungsstand Ihres Produkts und schildern Sie, welche Voraussetzungen bis zum Start noch erfüllt werden müssen. Gibt es einen zeitlichen Rahmen bis zur Durchführung einer Null-Serie? Welche techni-

schen Zulassungen sind notwendig und wann könnte ein eventuelles Patentierungsverfahren abgeschlossen sein? Wenn Sie bereits Schutzrechte besitzen, ist es nun an der Zeit darauf hinzuweisen.

4 Ein besonders wichtiges Kapitel im Businessplan sollte sich mit der Markt- und Wettbewerbsanalyse befassen. Dabei wird Ihre Geschäftsidee mit der Marktsituation und der eventuell bereits bestehenden Konkurrenz konfrontiert. Hier zeigen Sie, welchen Nutzen Ihr Angebot für potenzielle Kunden hat und was an Ihrem Angebot besser ist als bei der Konkurrenz. Es ist wichtig zu zeigen, dass es sich bei dem angestrebten Absatzmarkt um ein dynamisches Marktsegment handelt – eines, das enormes Potenzial für Ihre Idee bietet. Mit aktuellen Studien und natürlich den Ergebnissen Ihrer eigenen Marktforschungen können Sie dabei besonders punkten.

5 Um Menschen von Ihrer Idee zu überzeugen, müssen Sie auch auf Marketingstrategien setzen. In diesem Abschnitt definieren Sie zunächst eine Zielgruppe und zeigen auf, wie diese erreicht werden kann. Danach folgt eine Erklärung der eigenen Preisstrategie. Im einfachsten Fall bedeutet dies, dass Sie einfach einen Preis für die eigene Innovation erheben und dann aufzeigen, welcher Umsatz angestrebt wird. Das bedeutet auch, dass Sie erläutern müssen, wie Sie Kunden über Ihr Produkt oder Ihre Dienstleistung informieren wollen und welche Werbemaßnahmen Sie konkret planen.

6 Mit der Darstellung der Unternehmensform verdeutlichen Sie, wie eine Idee organisatorisch umgesetzt werden kann. Dazu muss zunächst die Rechtsform des Unternehmens geklärt werden. Im nächsten Kapitel werden Sie erfahren, ob eine Einzelunternehmung, eine GbR oder GmbH als passende Unternehmensform für Ihre Idee infrage kommt. Hier gilt es, vor allem die Vorteile der gewählten Rechtsform darzulegen.

7 Für viele ist die Finanzplanung der unangenehmste Teil des Businessplans. Eigentlich bedeutet es aber nicht mehr, als die vorher inhaltlich getroffenen Aussagen in Zahlen zu übertragen. Sie zeigen auf, wie der Investitionsplan beziehungsweise Kapitalbedarf Ihres Unternehmens ausfällt und klären die Höhe des Eigenkapitals und der benötigten Fremdmittel. Bestandteile des Finanzplans sind eine Gewinn- und Verlustrechnung, ein Liquiditätsplan, ein Kapitalbedarfsplan sowie ein Absatz- und Umsatzplan. Sie müssen auch realistische Aussagen über einen Zeitraum von mehreren Jahren treffen. Daher bietet es sich unter Umständen an, mit einem Experten zu Finanzierungsfragen Kontakt aufzunehmen. Zu möglichen Ansprechpartnern erfahren Sie gleich mehr.

Grundsätzlich ist es (mit Ausnahme der Zusammenfassung) nicht entscheidend, in welcher Reihenfolge Sie den Businessplan abarbeiten. Abweichungen von genormten Businessplänen sind völlig normal, in erster Linie kommt es auf eine konsistente Darstellung Ihres Vorhabens an. Mit einem eigenen Businessplan in der Tasche wird es Ihnen viel leichter fallen, Kooperationspartner oder Geldgeber zu finden. Auch Einrichtungen, die Sie bei Gründung Ihres Unternehmens unterstützen (sollen), können mit einem Businessplan besser nachvollziehen, wie Sie sich Ihre Selbstständigkeit vorstellen. Dazu muss der Businessplan am Anfang nicht gleich perfekt sein, sondern kann solange optimiert und präzisiert werden, bis Sie schließlich in ernsthafte Verhandlungen mit möglichen Geldgebern oder Geschäftspartnern treten wollen.

WIE ERSTELLE ICH EINEN BUSINESSPLAN?

- Die Webseite www.fuer-gruender.de bietet eine kostenlose Businessplan-Vorlage zum Download, mit der Sie erste Erfahrungen bei der Erstellung Ihres eigenen Plans sammeln können.
- Businessplan-Wettbewerbe leiten Sie spielerisch bei der Erstellung Ihres Plans an. Wettbewerbe gibt es in allen Bundesländern, meist gesponsert von Banken und Sparkassen in Zusammenarbeit mit öffentlichen Trägern.
- Das Bundesministerium für Wirtschaft und Technologie stellt auf seiner Webpräsenz www.existenzgruender.de ein Businessplan-Onlinetool zur Verfügung.

HILFE FINDEN AUF DEM WEG ZUM EIGENEN UNTERNEHMEN

Sie stehen noch ganz am Anfang Ihrer Gründerkarriere. Da macht es Sinn, sich professionelle Hilfe zu holen. Diese ist in vielen Fällen sogar kostenlos erhältlich. Durch Einrichtungen wie die Industrie- und Handelskammern (IHK) und die Kreditanstalt für Wiederaufbau (KfW) besteht die Möglichkeit, Kontakt zu Gründungsexperten herzustellen, die Ihnen in den verschiedenen Phasen Ihrer Unternehmensgründung zur Seite stehen und Ihnen bei der Vermarktung Ihrer Idee helfen.

- Wenn Sie Ihr Vorhaben bereits konkretisiert und einen ersten Businessplan erstellt haben, können Sie sich an die IHK-Gründungsberatung wenden. Dort haben Sie die Möglichkeit, einen Termin mit einem Experten zu vereinbaren und sich über Ihre Geschäftsidee auszutauschen. Der Experte wird mit Ihnen erörtern, welche Chancen Ihre Idee am Markt wirklich hat, wie Sie einen realistischen Blick auf eine mögliche Umsatzperspektive entwickeln können und welche rechtlichen Voraussetzungen Sie unbedingt beachten müssen.
- Eine andere Möglichkeit bietet das Expertenforum der Gründungswerkstatt des Bundesministeriums für Wirtschaft und Technologie (BMWi). Wenn Sie sich dort registrieren, bekommen Sie unter anderem Hilfe und Vorlagen für einen Business- oder Finanzierungsplan. Zusätzlich können Sie Ihre Ergebnisse in einem geschützten Bereich speichern. Ein sehr sinnvolles Feature ist der Onlinetutor, der Ihnen zugeteilt wird und den Sie bei Fragen zu Gründungsabläufen kontaktieren können. Dabei sind sämtliche Leistungen kostenlos erhältlich.
- Die Webseite Startothek bietet die Möglichkeit der Kontaktaufnahme zwischen Gründern und Beratern. Einerseits haben Sie die Möglichkeit, Kontakt zu einem Startothek-Berater aufzunehmen. Eine andere Möglichkeit besteht darin, mit dem Tool „startothek-Gründungsstarter" Ihr Gründungsvorhaben online vorzustellen. Sie können dann bis zu drei Berater auswählen, denen Sie Ihre Daten zur Verfügung stellen und die sich bei entsprechender Perspektive mit Ihnen in Verbindung setzen. Ein Schwerpunkt der startothek liegt auf rechtlichen Aspekten der Unternehmensgründung, www.startothek.de/startothek-anwendung/gruender.
- Die KfW betreibt in Zusammenarbeit mit dem BMWi eine eigene Beraterbörse, die bei der Suche nach Unternehmensberatern und Gründungsexperten helfen soll. Dort können Sie verschiedene Schwerpunkte definieren und nach regionalen Experten suchen, https://beraterboerse.kfw.de.

EXPERTENMEINUNGEN IN IHR VORHABEN INTEGRIEREN

- Beratungsangebote für Gründer gibt es viele. Suchen Sie ganz gezielt nach den Angeboten in Ihrer Region und legen Sie sich auf drei fest, die Ihnen besonders passend erscheinen. Definieren Sie für sich, welche Informationen Sie sich über welches Angebot erhoffen.
- Erstellen Sie einen kleinen Fragenkatalog für jedes der drei Angebote (je nach Schwerpunkt der Beratung).
- Vereinbaren Sie Termine innerhalb der kommenden vier Wochen.
- Werten Sie die Termine detailliert aus und definieren Sie für sich die Quintessenz aus den Beratungen.

Der richtige Ort zum Gründen

Als Unternehmer ist es wichtig, einen geeigneten Standort für die Umsetzung Ihrer Idee zu finden. Gerade wenn Sie das innovative Potenzial Ihrer Idee voll ausschöpfen wollen, kommt es darauf an, Synergieeffekte zu nutzen und mit anderen Gründern im Kontakt zu stehen. So können Sie Probleme und Herausforderungen frühzeitig erkennen.

Gute Rahmenbedingungen für die erfolgreiche Unternehmensgründung bieten Gründer- oder Technologiezentren. Ihr Ziel ist es, durch die Unterstützung von jungen Unternehmen deren Wachstumschancen zu optimieren. In vielen Fällen hat sich gezeigt, dass Unternehmen in Gründungszentren eine größere Überlebenschance besitzen als außerhalb.[22]

Neben Beratungsleistungen, die sowohl die Planung als auch die Gründung und den Aufbau eines Unternehmens begleiten, erhalten junge Selbstständige auch Unterstützung bei Förderanträgen und der Suche nach Kapitalgebern. Viele Gründerzentren arbeiten selbst in Netzwerken und kooperieren mit Hochschulen oder Wirtschaftsverbänden. Daraus können sich Synergieeffekte ergeben, die für Jungunternehmer von Vorteil sein können. Gründungszentren vermieten auch Räumlichkeiten zu moderaten Preisen und bieten ihren Mietern bei größerem Platzbedarf sogar die Möglichkeit zu expandieren. Einige setzen zudem auf den Vorteil einer gemeinsamen Infrastruktur. Sie bieten einen Telefon- und Postservice und verfügen über einen gemeinsamen Empfang für Besucher und Lieferanten. Außerdem führen sie regelmäßig Informationsveranstaltungen durch und verschaffen Unternehmen die Möglichkeit, fleißig zu netzwerken und auf dem neuesten Stand zu bleiben.

Vieles hängt auch vom Sitz des Gründungszentrums selbst ab. Es ist von Vorteil, wenn es an einen Gewerbepark angebunden ist, um optimale Produktionsmöglichkeiten zu gewährleisten. Kurz: Gründerzentren müssen infrastrukturell gut angebunden sein.

Allerdings ist die Nutzung eines Gründerzentrums in der Regel zeitlich begrenzt. Nach etwa zwei bis drei Jahren laufen viele Verträge aus, und die Unternehmen müssen sich einen neuen Standort suchen.

Zudem kann es passieren, dass die räumliche Nähe zu anderen Unternehmen Probleme bereiten kann – vor allem, wenn es sich um potenzielle Konkurrenzunternehmen handelt. Es wird dann schwierig, Ihre Geschäftsidee geheim zu halten. Unter Umständen könnten sich dadurch die eigentlich positiven Faktoren eines Gründerzentrums negativ auf die Umsetzung Ihres Vorhabens auswirken.

! GRÜNDERZENTREN FINDEN

Deutschlandweit gibt es circa 400 Zentren für Gründer. Über den ADT, den Bundesverband der Innovations- und Technologiezentren, finden Sie am schnellsten heraus, wo sich Gründerzentren in Ihrer Nähe befinden und wie Sie mit diesen Kontakt aufnehmen können (www.adt-online.de).

Als Alternativen bieten sich Co-Working-Spaces an. Sie können dort einen Schreibtisch mieten und praktisch direkt loslegen. Mittlerweile gibt es die in vielen großen Städten. Anders als in den Gründerzentren mieten sich hier auch schon etablierte Freiberufler, Teilzeitunternehmen und Kleinunternehmer ein. Einen Überblick zu den Angeboten, auch zu kostenfreien Working-Spaces liefert: www.coworking-news.de/coworking-verzeichnis.

Kooperieren und Netzwerken – Gemeinsam sind Sie stärker

Was schon vor dem Zeitalter des Internets galt, gilt heute erst recht. Ein erfolgreicher Unternehmer ist, wer in Netzwerken denkt und kooperiert. Denn damit können Kosten reduziert, Kontakte aufgebaut und neue Kundenstämme mit möglichst geringem finanziellen Aufwand erschlossen werden.

Das Aufbauen eines Netzwerks dient zunächst einmal überhaupt der Position Ihrer eigenen Idee und deren Wertigkeit. Denken Sie an das zweite Kapitel und die Analyse des Marktes zurück. Die gleichen Leute, die Ihnen als Experten gedient haben, kommen auch als mögliche Kooperationspartner infrage – egal, ob als Käufer Ihrer Idee, als Vermittler oder sogar als zukünftige Geschäftspartner, die Ihre Neuerung gemeinsam mit Ihnen auf den Markt bringen. Nutzen Sie zum Beispiel eine kostenlose Beratung der IHK oder des deutschen Patentamts zum Thema Ideenschutz und Patentrecht und versuchen Sie, mit den Experten ins Gespräch zu kommen. Auf wen können diese Ansprechpartner verweisen? Wo sind Hotspots der Kreativ- und Gründerszene? Wo treffen Sie nützliche Dienstleister für Ihre Idee?

Ebenso wie reale Kontakte sind virtuelle Netzwerke unverzichtbar. Nutzen Sie – um es nochmal zu betonen – soziale Netzwerke wie Xing, LinkedIn und Facebook. Knüpfen Sie neue Kontakte und pflegen Sie die bestehenden. Versuchen Sie, relevante Benutzergruppen zu finden und mit den Usern in Kontakt zu treten. So können Sie Referenzlinks (Weiterleitungen zum Anklicken) platzieren und auf Ihr Projekt aufmerksam machen. Das Gleiche gilt für die Nutzung von Erfinderforen und Communities.

Generell gilt: Nichts geht ohne Kontakte. Die Chancen, Ihre Idee alleine erfolgreich umzusetzen, sind wesentlich geringer, als wenn Sie in einem Verbund mit Kooperationspartnern angreifen. Die Vorteile liegen auf der Hand. Im Austausch mit anderen kreativen Köpfen und Experten findet ein intensiver Wissenstransfer statt. Sie lernen neue Strategien kennen.

NETZWERKE AUFBAUEN

Nutzen Sie die Kontakte, die Sie bereits durch Ihre Marktanalyse hergestellt haben und bringen Sie sich in Erinnerung. Versuchen Sie, alte Kontakte zu reaktivieren und sammeln Sie Visitenkarten. Sprechen Sie mit Gründungsexperten im Rahmen von kostenlosen Beratungen. Versuchen Sie auch im privaten Kreis, die Leute so von Ihrer Idee zu überzeugen, dass diese vielleicht auch Dritten davon erzählen. Mund-zu-Mund-Propaganda ist genauso wichtig wie die Nutzung von sozialen und beruflichen Netzwerken im Internet. Gründerzentren bieten eine ideale Basis, um Kooperationen und Netzwerke aufzubauen.

- Ganz konkret: Legen Sie Profile bei mindestens einer Karrierecommunity an: Xing oder LinkedIn. Im deutschsprachigen Raum ist vor allem Xing erfolgreich. Wer international ausgerichtet ist, fährt mit LinkedIn besser.
- Laden Sie Ihr Netzwerk ein, sich mit Ihnen auf Xing/LinkedIn zu vernetzen.
- Bauen Sie das Netzwerk kontinuierlich aus, indem Sie sich wöchentlich mindestens eine Stunde ausschließlich dieser Aufgabe widmen: Verschicken und bestätigen Sie Kontaktanfragen, machen Sie relevante Gruppen ausfindig, treten Sie ihnen bei und schreiben Sie mindestens eine Aktivität pro Woche an Ihre Netzwerk-Wall beziehungsweise -Chronik.

Wie früher – Tauschhandel und Kooperationen

Netzwerke gründen heißt vor allem auch Zeit und Geld sparen. Eine gute Möglichkeit dazu bietet das Prinzip der Tauschökonomie. Wenn Sie ein eigenes Unternehmen gründen wollen, um Ihre Innovation auf den Markt zu bringen, dann verfügen Sie über Wissen und Kompetenzen. Das kann auch für andere von Interesse sein. Warum sollten Sie dann nicht auf ein uraltes Prinzip zurückgreifen und versuchen, so viel wie möglich ohne Geldleistungen zu erreichen. Überlegen Sie

sich, was Sie anzubieten haben. Wenn Sie Experte im anspruchsvollen Webdesign sind und nun gerne Flyer drucken würden, dann schauen Sie sich nach einer Werbedruckerei um und fragen Sie nach, ob diese vielleicht Hilfe bei ihrer Internetpräsenz braucht. Auch heute nutzen viele Unternehmen die Möglichkeiten des Web 2.0 nur sehr unzureichend. Vielleicht können Sie den Facebook-Auftritt eines befreundeten Steuerprüfers betreuen und dafür im Gegenzug Hilfe bei Ihrem Finanzplan bekommen.

- Tauschen können Sie informell in Ihrem eigenen Netzwerk mit Bekannten und Kollegen.
- Sie können auch auf institutionalisierte Tauschbörsen zurückgreifen, bei denen mit Hilfe eines Verrechungsschlüssels Leistungen ausgetauscht werden.
- Grundsätzlich sollen Tauschsysteme Bedürfnisse befriedigen, ohne dabei auf Geldleistungen zurückgreifen zu müssen. Auf www.tauschringe.info finden Sie viele nützliche Informationen rund ums Tauschen und können gezielt nach Tauschsystemen in Ihrer Region suchen.

INTERVIEW **Der Wert von Netzwerken – nachgehakt bei Andrea Rohrberg**

Andrea Rohrberg ist geschäftsführende Gesellschafterin der synexa consult Essen und leitet das Büro in Berlin-Brandenburg. Sie begleitet unter anderem Unternehmen und Unternehmenszusammenschlüsse bei Innovationsprozessen. Das Management der Zusammenarbeit unterschiedlicher (Netzwerk)Partner steht dabei im Zentrum ihrer Beratungstätigkeit.

? Viele Tüftler, Erfinderinnen und Ideenmacher arbeiten für sich. Worin liegt aber der Wert von Netzwerken für den Einzelnen?

„ Der Wert von Netzwerken zeigt sich für Ideenmacher in vielerlei Hinsicht. Eigentlich könnte man fast provokant sagen: „Ohne Netzwerk – vergesst es!" Erstens sind in einem Netzwerk unterschiedliche Kompetenzen verteilt. Diese unterschiedlichen Kompetenzen braucht man ganz besonders zu Beginn der Entwicklung eines Geschäftskonzepts, ohne dass man diese erst mühsam im eigenen Unternehmen aufbauen muss. So kann man heute viele Unternehmungen praktisch mit einem Computer vom Schreibtisch aus starten. Zweitens ist man in einem Netzwerk zu Beginn einer Ideenentwicklung gezwungen immer wieder zu erklären, was man vorhat. Das schärft den Blick auf das eigene Vorhaben, ist quasi eine erste „Markterkundung". Außerdem verhindert dieser Effekt, dass man zu lange mit dem eigenen Tunnelblick unterwegs ist. Ich habe bisher kaum Gründerinnen kennengelernt, die genau mit der Idee an den Markt sind, mit der sie auch gestartet sind.

? In Netzwerken zu arbeiten heißt auch immer Kompromisse zu schließen – bei Timing, Ideenumsetzung etc. Wie geht man damit konstruktiv um?

" Anstatt „Kompromisse schließen" würde ich es eher „Kommunikation im Griff haben und Verhandlung anstoßen" nennen. Das heißt, dass man als Ideenmacherin in einem Netzwerk in der Rolle ist, die jeweiligen Ziele sehr genau zu definieren und mit den jeweiligen Netzwerkpartner in Verhandlung zu treten, welchen Nutzen sie sich persönlich von der Zusammenarbeit versprechen und ob die genannten Ziele für sie akzeptabel sind, beispielsweise ein bestimmter Abgabezeitraum. Und man sollte im Blick haben, wo jeweils die Grenzen der Partner liegen. Wenn die Zusammenarbeit dann anläuft, muss man die Umsetzung eher kleinschrittig verfolgen und mit den jeweiligen Partnerinnen gut in Kontakt zu bleiben. Genau genommen ist so eine Arbeit im Netzwerk ein Ansammlung vieler kleiner (informeller) Verträge, die die Zusammenarbeit regeln.

? Netzwerke können träge machen: Nicht alles kann im Netzwerk sofort umgesetzt werden wie im eigenen Unternehmen, wo man direkte face-to-face-Kommunikation führt. Gibt es diese Trägheit wirklich – und wie nutzt man die Mechanismen in Netzwerken für sich?

" In einem Netzwerk muss man mehrere Bälle gleichzeitig in der Luft halten. Während man beispielsweise noch auf die Zuarbeit eines Partners wartet, muss man mit dem nächsten schon den Startpunkt für sein Arbeitspaket aushandeln. Wenn man das Eine nach dem Anderen macht, hat man unter Umständen lange Wartezeiten. Ein Netzwerk bietet auch den Vorteil, dass man häufig Zugriff auf mehrere ähnliche Kompetenzen hat. So kann man im Zweifel auf jemand anderen zurückgreifen, wenn ein Partner ausfällt oder momentan ausgelastet ist. Da ist gutes Projektmanagement gefragt.
Man muss aber auch klar sagen, dass die Beziehungen zu Netzwerkpartnern aufgebaut werden müssen und das braucht Energie. Bei der ersten Zusam-

menarbeit werden bewusst oder unbewusst gemeinsame Standards der Zusammenarbeit ausgehandelt und erprobt. Man bekommt eine tragfähige Basis, auf der auch Konflikte ausgetragen werden können. Kleinere Arbeitspakete eignen sich dazu gut für den Anfang. Wenn die Vorstellungen zu weit auseinanderliegen, trennt man sich lieber wieder.

? Wann ist der Zeitpunkt gekommen, wo ein Netzwerk-Unternehmen nicht mehr ausreicht und man selbst mehr unternehmerische Verantwortung übernehmen muss?

“ Es gibt ein betriebswirtschaftliches Gesetz, das besagt, dass ein Unternehmen so lange einen Arbeitsschritt bei sich behält, so lange dies weniger Reibungsverluste mit sich bringt, als wenn es diesen Arbeitsschritt außerhalb des Unternehmens einkaufen würde. Reibungsverluste entstehen unter anderem durch erhöhte Kommunikation und Koordination. Anders herum gilt das Gesetz genau so. Wenn es also für mich mit weniger Reibung verbunden ist, diese Kompetenz im eigenen Unternehmen aufzubauen, dann sollte man das tun. Das betrifft bei jungen Unternehmen häufig Elemente der Kerntätigkeit, also etwas, was man routinemäßig „abarbeiten muss“.
Eines sollte man aber nicht vergessen: Viele Arbeitsschritte brauchen heute eine große Spezialisierung, beispielsweise im Programmierbereich. Es ist sehr teuer, diese Spezialisierung aufzubauen, zu halten und dann auch wirtschaftlich auszulasten. Das kann meist besser von einem Netzwerkpartner geleistet werden, der sich genau auf diese Tätigkeit spezialisiert.

DIE EIGENE IDEE FINANZIEREN

Um Ihre Innovation wirklich umzusetzen, werden Sie irgendwann nicht umhinkommen, auch Geldquellen zu erschließen. Ganz gleich, ob Sie Softwareanwendungen kaufen müssen oder einen Prototypen Ihrer Erfindung bauen wollen – es wird Geld kosten. Zur Finanzierung Ihrer Idee bieten sich grundsätzlich zwei Formen an: die Nutzung von Eigenkapital und/oder von Fremdkapital.

Eigenkapital meint nicht zwangsläufig, dass Sie Ihr Sparbuch plündern müssen. Es kann auch heißen, dass Sie aus Ihrem Bekannten- oder Verwandtenkreis Geld einsammeln können. Daneben gelten auch Privatpersonen oder sogenannte Venture-Capital-Gesellschaften – also Unternehmen, die mit einer Minderheitsbeteiligung an Ihrer zukünftigen Firma teilhaben – als Eigenkapitalgeber. Von beiden Gruppen können Sie sich mit einem bestimmten Betrag bei Ihrer Gründung unterstützen lassen. Der Vorteil des Eigenkapitals liegt darin, dass Sie für das eingesetzte Fremdgeld keine Zinsen bezahlen und es auch nicht zwangsläufig zurückzahlen müssen. Anstelle dessen erwarten Kapitalgeber oft aber ein Mitspracherecht und werden – wenn Ihr Unternehmen irgendwann profitabel ist – ihren Anteil verkaufen und über diesen Weg versuchen, einen Gewinn für sich zu erzielen.

Wenn die eigenen Ressourcen nicht ausreichen und kein ausreichendes Eigenkapital eingenommen werden kann, dann müssen Sie sich mit alternativen Finanzierungskonzepten auseinandersetzen. Bei Fremdkapital handelt es sich in der Regel um Kredite mit unterschiedlichen Laufzeiten, die verzinst werden. Meistens beginnen die Rückzahlungen schon im ersten Monat. Deswegen kommen für Sie in erster Linie spezielle Gründungskredite infrage, bei denen die Rückzahlungen erst nach einigen Monaten oder sogar Jahren beginnen.

Im Folgenden werden Ihnen einige Möglichkeiten der Eigen- und Fremdkapitalbeschaffung aufgezeigt. In vielen Fällen läuft es dabei auf eine Mischung von unterschiedlichen Finanzierungsformen hinaus.

Ideen mit Eigenkapital umsetzen

Als Unternehmer und gleichzeitiger Eigentümer Ihres Unternehmens müssen Sie naturgemäß selbst berechnen, wie viel Kapital Sie für die Umsetzung Ihrer Idee benötigen. Daher sollten Sie auch am besten bei sich selbst anfangen: Überprüfen Sie anhand Ihres Finanzplans, wie viel Geld Sie jeden Monat für Ihre gesamte Lebensführung, also für Wohnung, Klei-

dung, Lebensmittel und sonstige wichtige Ausgaben benötigen.

Bezüglich Ihrer Gründung sollten Sie hinterfragen, welche Ressourcen tatsächlich für Ihr Unternehmen notwendig sind. Brauchen Sie am Anfang wirklich Mitarbeiter? Sind Sie auf ein Büro angewiesen? Welche technischen Voraussetzungen können Sie selbst erfüllen, ohne teure Geräte anschaffen zu müssen? Bedenken Sie, dass Sie gerade zu Beginn die Fixkosten so gering wie möglich halten sollten – denn es handelt sich dabei um monatliche Verpflichtungen, die sie später nur sehr schwer wieder zurückfahren können.

Der einfachste Weg, Ihre Gründung zu finanzieren, besteht in der Nutzung Ihrer vorhandenen Geldmittel. Dabei sollten Sie allerdings sehr genau abwägen, ob Sie Ihre gesamten Ersparnisse in Ihr Projekt stecken möchten. Schauen Sie sich in Ihrer Familie oder Ihrem Freundeskreis um. Wer ist finanziell potent genug und eventuell bereit, sich an Ihrem Unternehmen zu beteiligen? Oftmals sind es Eltern oder Großeltern, die Geld beisteuern können und auf eine Beteiligung an eventuellen Gewinnen zugunsten der Umsetzung Ihrer Idee verzichten.

Generell sollten Sie sich jedoch im Klaren darüber sein, worauf Sie sich bei einer Finanzierung durch Bekannte oder Familie einlassen. Schon oft genug sind Freundschaften am lieben Geld zerbrochen, wenn erwartete Rückzahlungen aufgrund eines Scheiterns des Unternehmens nicht geleistet werden können. Daher sollten Sie in jedem Falle Chancen und Risiken Ihrer Geschäftsidee klar benennen. Am besten ist, Sie versuchen mit Ihrem Investor einen Vertrag abzuschließen, der auch ein Worst-Case-Szenario, nämlich die komplette Bauchlandung Ihres Unternehmens absichert.

Eine andere Variante, eine Existenzgründung anzuschieben, liegt in der Nutzung von Beteiligungskapital. Dabei handelt es sich um privatwirtschaftliche Kapitalgeber, die mit ihrer Unterstützung den Eigenkapitalstock beträchtlich erhöhen und die frühe Phase der Gründung begleiten. Häufig handelt es sich um vermögende Privatpersonen, die Teile Ihres Vermögens in ein Jungunternehmen investieren. Diese sogenannten Business Angels erhalten dafür im Gegenzug einen bestimmten Firmenanteil. Ihre Finanzierung zahlt sich für Business Angels dann aus, wenn die Firma erfolgreich am Markt platziert ist und sie ihren Anteil so verkaufen können, dass sie im Verhältnis zu ihrer Investitionssumme einen Gewinn erzielen. Durch ihre Beteiligung wollen die Business Angels für ihre Investition natürlich eine Gegenleistung erhalten, dies geschieht zumeist in der Form, dass sie Einfluss auf die Entwicklung Ihres Unternehmens haben wollen. Idealerweise bieten sie nicht nur eine Finanzierungsleistung, sondern stehen durch ihre Erfahrungen im Management sowie durch Netzwerke und Kontakte dem Gründer mit Rat und Tat zur Seite. Darüber hinaus ist es ein wichtiges Signal an andere potenzielle Investoren, in Ihre Geschäftsidee zu investieren, wenn diese erkennen, dass ein potenter und erfahrener Geschäftsmann am Aufbau Ihres Unternehmens beteiligt ist.

Anders als die Business Angels, die als Einzelpersonen operieren, versuchen Venture-Capital-Gesellschaften Beteiligungen an Start-ups oder Jungunternehmen zu erreichen. Bei Venture-Capital handelt es sich im Grunde um sogenanntes Risikokapital, welches Firmen investieren, weil sie an eine Geschäftsidee glauben. Allerdings steigen viele Venture-Capital-Gesellschaften erst bei Start-ups ein, wenn sie eine konkrete Aussicht auf Erfolg sehen.

TIPP: PROFESSIONELLE HELFER

Einen Business Angel für Ihre Idee zu gewinnen, ist ein hervorragendes Signal auch für andere Investoren, dass Ihr Konzept funktionieren kann. Hierzulande bietet sich zur Kontaktaufnahme der Verband Business Angel Netzwerk Deutschland (BAND) an. Dort finden Sie alle Infos rund um das Prinzip der Business Angels, und es wird Ihnen gezeigt, wie Sie mit einer Kurzpräsentation Ihrer Geschäftsidee für den Einstieg eines Business Angels werben können (www.business-angels.de).

Über die Suchfunktion des Bundesverbands Deutscher Kapitalgesellschaften (BVK e.V.) können Sie anhand von Investitionskriterien darlegen, wie Ihr Konzept aussieht – und dann eine Anfrage starten, die Sie gegebenenfalls zu potenziellen Investoren weiterleitet (www.bvkap.de).

Finanzierung durch Fremdkapital

Weil Geschäftsbanken in der Regel erst dann Kredite offerieren, wenn Ihr Unternehmen sich bereits in einer späteren Phase der Finanzierung befindet (dabei spielen Sicherheiten und Kreditwürdigkeit eine wichtige Rolle), können Sie in einer sehr frühen Phase der Ideenumsetzung Ihr Unternehmen auf andere Weise mit Fremdkapital anschieben.

Die Mikrokredite der KfW bieten eine Möglichkeit, Fremdkapital zu günstigen Konditionen zu erhalten. Als staatliche Förderbank vergibt die KfW Darlehen mit geringen Zinsen und übernimmt einen Großteil der Sicherheiten. Die Beantragung und Bewilligung der Darlehen können Sie dabei praktischerweise mit Ihrer Hausbank abwickeln. Dazu existieren verschiedene Finanzierungsmodelle. Bewährt hat sich vor allem das KfW-Start-Geld, das es ermöglicht, Darlehen in Höhe bis zu 50 000 Euro zu bekommen.

Über das Deutsche Mikrofinanzinstitut (DMI) können Sie außerdem Kontakt zu regionalen Mikrofinanzierern und Förderern aufnehmen. Mit dem Prinzip des Microlendings können Sie bereits kleine Kreditbeträge für Ihre Geschäftsidee erhalten (www.mikrofinanz.net).

Weitere Finanzierungsmodelle für Ihr Unternehmen

- Neben öffentlichen Trägern wie der KfW oder Geschäftsbanken können Sie natürlich auch über die Möglichkeit eines privaten Kredits in Form von Social Lending nachdenken. Dahinter steht das Prinzip, dass für die Vergabe von Krediten nicht die Prüfung von Bonitäten oder eine möglichst maximale Gewinnausbeute steht. Social Lending versucht vielmehr, die gegenseitige finanzielle Unterstützung zwischen Menschen zu gewährleisten, die gemeinsame Interessen haben. Private Kreditgeber versuchen so, private Kreditnehmer zu finden. Dieser Peer-to-Peer-Kredit wird auf verschiedenen Onlinemarktplätzen vermittelt.
- Das Bundesministerium für Wirtschaft und Technologie vergibt im Rahmen seines Exist-Programms Gründerstipendien an Unternehmer, die vornehmlich aus der Wissenschaft kommen. Außerdem unterstützt es Studierende und Absolventen aus wissenschaftlichen Fachbereichen. Je nach akademischem Abschluss können dabei pro Jahr bis zu 2 500 Euro pro Monat ausbezahlt werden. (www.exist.de/exist-gruenderstipendium)
- Gründerwettbewerbe sollen Ihnen helfen, Ihre innovativen Ideen in ein tragfähiges Geschäftskonzept zu überführen. Neben den Kontakten zu Kapitalgebern locken natürlich vor allem die Preisgelder.

Vom Grundprinzip her funktionieren diese Gründerwettbewerbe wie Businessplan-Wettbewerbe. Natürlich ist es reizvoll, für die eigene Geschäftsidee eine Auszeichnung zu erhalten. Aber eine Teilnahme an einem Wettbewerb kann darüber hinaus durch ehrliches Feedback zu Ihrem Businessplan dazu führen, dass Sie Ihr Konzept noch einmal überarbeiten.

ALTERNATIVE FINANZIERUNGSKONZEPTE

- Auxmoney, Lendico und Smava sind Onlinemarktplätze, auf denen Sie nach Peer-to-Peer-Krediten suchen können. (www2.auxmoney.com; www.lendico.de; www.smava.de)
- Neben dem Exist-Programm gibt es weitere Gründerstipendien, die sich auch an Jungunternehmer außerhalb der Wissenschaftsszene richten. Einen Überblick dazu finden Sie unter www.existenzgruender-jungunternehmer.de/p/finanzen/gruenderstipendien.html
- Bei dem Wettbewerb ITK-Innovativ des BMWi können Sie mit einer Ideenskizze Preisgelder bis zu 30 000 Euro gewinnen (www.gruenderwettbewerb.de).

BESTANDSAUFNAHME

- ☐ Haben Sie einen Businessplan aufgestellt?
- ☐ Kennen Sie unterschiedliche Businessplankonzepte und haben Sie deren Vor- und Nachteile verglichen?
- ☐ Haben Sie Ihren Businessplan von Experten begutachten lassen?
- ☐ Haben Sie sich mit den finanziellen Voraussetzungen für die Umsetzung Ihrer Idee auseinandergesetzt?
- ☐ Welche Gründungsberatungen haben Sie genutzt?
- ☐ Gibt es Gründerzentren in Ihrer Nähe, die für die Umsetzung Ihrer Idee infrage kommen?
- ☐ Auf welchen Wegen haben Sie Ihr Netzwerk erweitert?
- ☐ Wie wollen Sie Ihre Idee und die Realisierung finanzieren?
- ☐ Welche Möglichkeiten der Unterstützung durch Wettbewerbe und Stipendien haben Sie genutzt?

Sie sind nun an einem Punkt angekommen, an dem ein Businessplan steht und die Finanzierung vorerst gesichert ist. Im nächsten Schritt werden Sie sich an die Umsetzung Ihrer Idee machen. Dabei werden Sie feststellen, dass keineswegs alles so reibungslos läuft, wie Sie es sich auf den ersten Blick vorstellen. Unternehmer sein heißt, über viele Umwege ans Ziel zu gelangen. Wenn Sie die Bestandsaufnahme abgearbeitet haben, sind Sie diesem Ziel schon ein ganzes Stück nähergekommen.

VON DER GRÜNDUNG ZUR PRODUKTION

WAS SIE IN DIESEM KAPITEL ERWARTET…

Sie werden Unternehmer – das steht an diesem Punkt wohl fest. Sie sind startklar und haben Investoren gefunden. Spätestens jetzt müssen Sie den formalen Rahmen für Ihre Unternehmensidee finden. Damit eng verbunden ist der Start des operativen Geschäfts. Sie müssen in die Serienproduktion gehen, bringen Ihren Internetauftritt online, eröffnen Ihr Geschäft. Sie werden feststellen, dass sich Ihre Idee jetzt noch einmal wandelt – und das ist gut so. Wir wollen hier die Leitplanken für die letzten wichtigen Schritte zur „Materialisierung" Ihrer Idee setzen.

Unternehmerisch tätig zu sein, erfordert immer eine Entscheidung über die Unternehmensform. Die Unternehmensform zu bestimmen, ist grundlegend, weil steuerrelevant, kostenverursachend und haftungsrelevant. Die Unternehmensform zu definieren, ist nicht die kreativste Aufgabe, sie ist mit etlichen formalen Akten verbunden, aber am Ende doch unerlässlich. Stellen Sie sich Ihre Produktidee vor: Sie verkaufen die erste Serie. Es entstehen Garantieansprüche gegen Sie, Sie gehen neue Risiken ein. Wenn einer Ihrer Kunden zu Schaden kommt, haften Sie. Wenn gegen Sie geklagt wird, wird unter Umständen Ihr gesamtes Vermögen herangezogen, da Sie ohne eine Entscheidung für eine andere Gesellschaftsform mit Haftungsbeschränken nach dem Bürgerlichen Gesetzbuch als Privatperson oder im Team als GbR (Gesellschaft bürgerlichen Rechts) haften.

Wir können hier keine detaillierte Beschreibung aller möglichen Unternehmensformen vornehmen. Vielmehr geht es darum, einige Aspekte zur Bewertung der richtigen Unternehmensform für Sie aufzurufen, damit Sie eine eigenständige Entscheidung treffen können und wissen, worauf Sie sich einlassen.

RECHTSFORMEN IM ÜBERBLICK

Sie haben im Wesentlichen die Wahl zwischen rund einem Dutzend Rechtsformen, wobei die grundlegendste Unterscheidung ist: Gründen Sie alleine oder im Team? Entsprechend gibt es:

- Einzelunternehmen (eine Person) und
- Gesellschaften (Personenmehrheit).

Bei den Gesellschaften wird unterschieden zwischen Personengesellschaften und Kapitalgesellschaften. Diese behandeln Fragen der Haftung oder Vertretungsmöglichkeiten unterschiedlich, sind aber vor allem auch in vielen Steuerfragen zu unterscheiden.

Personengesellschaften sind:

- Gesellschaft bürgerlichen Rechts (GbR)
- Kommanditgesellschaft (KG)
- Offene Handelsgesellschaft (OHG)

Kapitalgesellschaften sind:

- Gesellschaft mit beschränkter Haftung (GmbH)
- Unternehmergesellschaft (haftungsbeschränkt) (UG [haftungsbeschränkt])
- Aktiengesellschaft (AG)
- Kommanditgesellschaft auf Aktien (KGaA)
- Europäische Aktiengesellschaft (SE)

Darüber hinaus existieren Sonder- und Mischformen wie die Personengesellschaft für Freiberufler (PartnG), Mini-GmbHs und „Kleine AGs". Altbekannte Sonderformen sind Genossenschaften und auch gemeinnützige Gesellschaftsformen wie die gGmbH.

VERGLEICH DER WICHTIGSTEN RECHTSFORMEN

Rechtsform	Mindestkapital	Haftung	Formalitäten	HR-Pflicht	Sonstiges
Einzelunternehmen	Nein	Voll	Gering	Nein (ggfls. ja)	Geeignet zum Einstieg; volle Kontrolle; volle Haftung
GbR	Nein	Voll	Gering	Nein	Einfache Partnerschaft; zusammen mehr Eigenkapital und/oder Fähigkeiten

Rechtsform	Mindest-kapital	Haftung	Formalitäten	HR-Pflicht	Sonstiges
oHG	Nein	Voll	Mittel	Ja	Volles Risiko für jeden Gesellschafter
KG	Nein	Komplementär(e): Voll Kommanditist(en): Beschränkt auf Einlage	Mittel	Ja	Form des Einzelunternehmens, das Finanzpartner einbindet
GmbH & Co. KG	25 000 €	Beschränkt	Viele	Ja	Für Unternehmer, die eine KG ohne volle Komplementär-Haftung wollen
GmbH	25 000 €	Beschränkt	Viele	Ja	Haftungsrisiko beschränkt auf Höhe des Stammkapitals
Ein-Personen-GmbH	25 000 €	Beschränkt	Viele	Ja	Für Einzelunternehmer, die ihr Haftungsrisiko beschränken wollen
Unternehmergesellschaft (haftungsbeschränkt)	1€ (bei Gründung)	Beschränkt	Gering	Ja	Geeignet zum Einstieg; Haftung beschränkt auf die Höhe des Stammkapitals
Kleine AG	50 000 €	Beschränkt	Viele	Ja	Eigenkapital durch relativ wenige Aktionär/e ohne Börsennotierung

Rechtsform	Mindest-kapital	Haftung	Formalitäten	HR-Pflicht	Sonstiges
PartG	Nein	Möglich	Gering	Nein (ggf. ja)	Für Freiberufler in größeren Einheiten; für Kooperationen in anderen freien Berufen
eG	Nein	Beschränkt	Mittel	GenReg	Für Freiberufler, Kooperationen in Handel, Handwerk, Dienstleistungen, Landwirtschaft

Quelle: www.startup-in-bayern.de/themenmenue/basiswissen/rechtsformen/rechtsformen-im-vergleich.htm

Besteuerung

Sobald Geld zwischen Kunden und Ihnen bewegt, also Umsatz generiert wird, greift das Finanzamt ein und bittet zur Kasse. Für Transaktionen am Markt werden Steuern fällig. Und das gleich mehrmals: Ertrag, Verbrauch und Substanz eines Unternehmens werden besteuert. Je nachdem, welche Art von Unternehmen Sie gründen und wie sich die Unternehmenswerte zusammensetzen, sind Einkommensteuer, Körperschaftsteuer oder Gewerbesteuer, Umsatzsteuer, Grunderwerbssteuer, Grundsteuer, Erbschaft- oder Schenkungsteuer fällig. Ihr Status bestimmt dabei die Steuerpflichtigkeit. Ein Freiberufler zahlt in der Regel keine Gewerbesteuer.

Die Höhe Ihrer Umsätze ist ebenfalls relevant: So können Sie von der Umsatzsteuer befreit werden, wenn Sie nicht über einen bestimmten Jahresumsatz kommen. Das heißt: Informieren Sie sich genau, welche Steuerpflichtigkeit mit der von Ihnen gewählten Unternehmensform einhergeht.

Übrigens zahlen Sie nicht nur Steuern. Das Finanzamt berücksichtigt steuermindernd auch die Aufwendungen, die Sie für Ihre Geschäftstätigkeit haben. Und diese Aufwendungen sind am Anfang oftmals höher als die Einnahmen. Sammeln Sie alle Belege. Sie können diese bis zu zwei

Jahre vor Ihrer eigentlichen formalen Gründung geltend machen.

Wenn Ihnen das alles zu viel wird und nachhaltig die Energie raubt: Nehmen Sie sich Dienstleister. Es gibt Dienstleister für die vorbereitende Buchhaltung, das heißt jemand ordnet alle Ihre Unterlagen so, dass sie vom Steuerberater verarbeitet werden können. Dazu zählen Kontobelege, Rechnungen, Kassenbelege et cetera. Zur vorbereitenden Buchhaltung gehört auch der Abgleich aller Unterlagen mit den Kontobewegungen. So werden zum Beispiel alle Kontoeingänge anhand geschriebener Rechnungen verglichen, Privates vom Geschäftlichen getrennt et cetera. Die vorbereitende Buchhaltung kann sehr viel administrativen Aufwand von Ihnen fernhalten, der wegen der Steuern anfällt. Auch ist ein Dienstleister für die Buchhaltung wertvoll. Buchführungspflicht besteht ab bestimmten Umsätzen (ab 50 000 Euro). Freie Berufe (siehe www.freie-berufe.de) wiederum sind grundsätzlich von dieser Buchführungspflicht ausgenommen.

Fast unverzichtbar ist der Steuerberater. Man kann sich in die Unternehmensbesteuerung reinarbeiten, um das System zu verstehen und mit dem Steuerberater auf Augenhöhe zu reden – und ihn am Ende auch kontrollieren zu können. Aber es ist eine zeitraubende Aufgabe, die Sie von Ihrem eigentlichen Geschäft fernhält.

Rechtliche Vorgaben bei der Wahl der Rechtsform

Der Gesetzgeber macht ebenfalls Vorgaben, die sich auf Ihre Rechtsform auswirken. Falls Sie zum Beispiel die Gründung als Designbüro planen, Tätigkeiten darunter unter Umständen als Handwerk laufen, weil Sie Tische und Stühle herstellen, brauchen Sie unter Umständen Zulassungen wie einen Meisterbrief, um überhaupt ein eigenständiges Gewerbe aufzubauen. In vielen freien Berufen wie dem des Architekten oder Rechtsanwalts gibt es ähnliche gesetzlich untermauerte Vorgaben.

Haftung beschränken

Als Unternehmer tragen Sie Risiken, das liegt im Wesen unternehmerischen Handelns. Risiken müssen aber abschätzbar bleiben und sollten minimiert werden. Vor allem müssen Risiken einschätzbar sein, sowohl im Innenverhältnis in Ihrem Team als auch im Außenverhältnis mit Kunden, Lieferanten und weiteren Geschäftspartnern. Insbesondere wenn Sie im Team gründen, ist es wichtig, die einzelnen Bedürfnisse nach Sicherheit, nach Einflussnahme auf Entscheidungen, nach Risikofreudigkeit oder auch die Lebensplanung mit auf den Tisch zu legen. Ist das Sicherheitsbedürfnis hoch, oder sind hohe Risi-

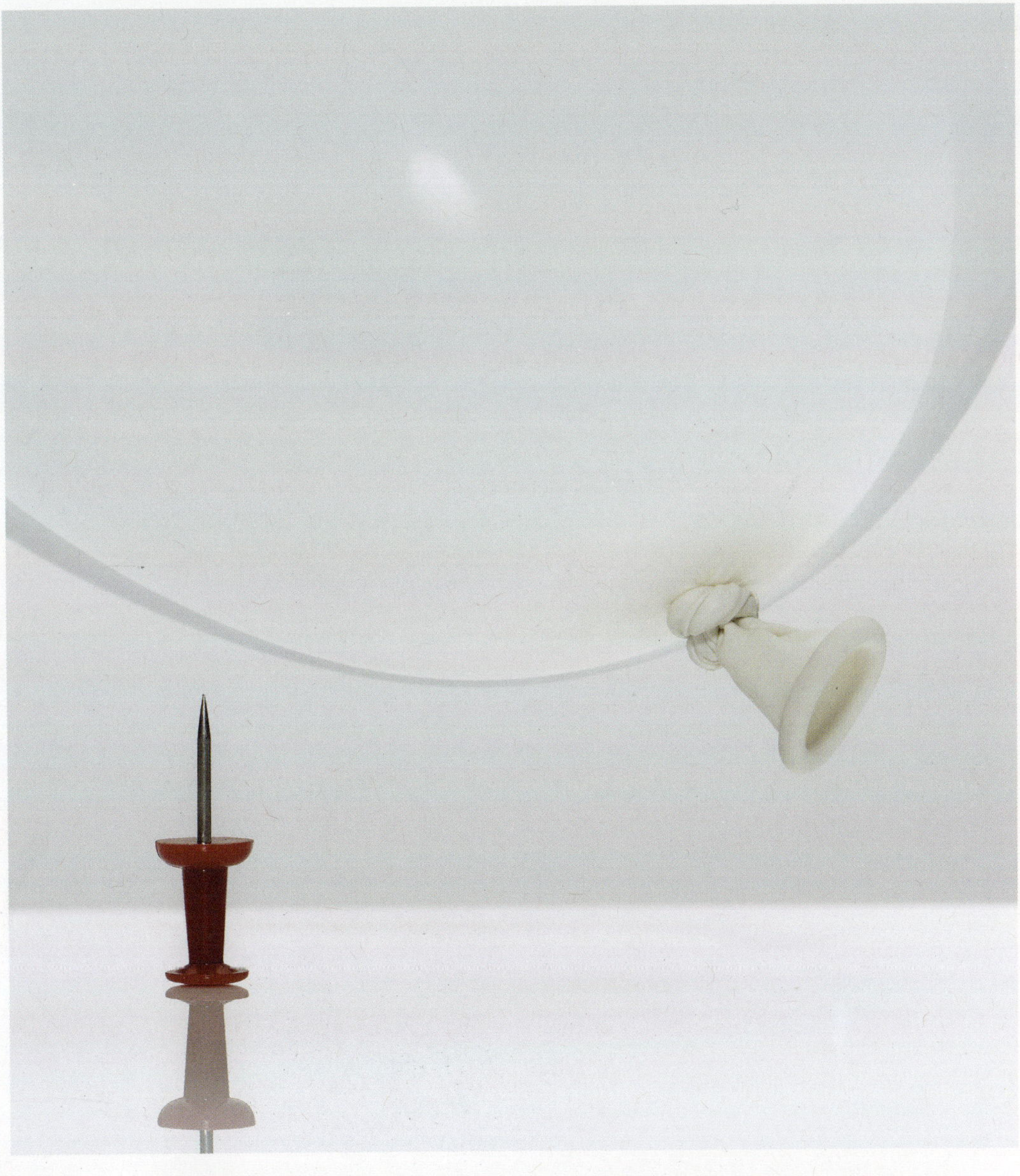

ken absehbar durch die Eigenart des Geschäfts, empfehlen sich entsprechende Gesellschaftsformen wie die GmbH (Gesellschaft mit beschränkter Haftung). Haftungen kann man auch durch entsprechende AGBs einschränken, dem sind aber Grenzen gesetzt. Haftungsfragen können auch in sämtlichen Einzelverträgen eines Unternehmens neu verhandelt werden.

CHECK
RISIKEN EINSCHÄTZEN

- Gehen Sie durch **Herstellung und Vertrieb** Ihres Produkts hohe Risiken ein? Können Menschen zu Schaden kommen? Ein freier Autor beispielsweise hat ein anderes Risiko als jemand, der einen benzinbetriebenen Rucksackhelikopter vertreibt. Entsprechend wahrscheinlich sind Regressansprüche. Auch die Schäden sind bei einem Unfall des Helikopters gegebenenfalls größer als bei dem Schreiben eines Buches.
- Sind bei der Verwirklichung Ihrer Idee **hohe Geldsummen** im Spiel? Müssen Sie einen Maschinenpark anschaffen, Produktionshallen mieten, Personal einstellen? Dann steigt das Risiko enorm. Wenn Sie Freiberufler werden und lediglich Ihr eigener Chef werden, sind vermögensrelevante Risiken in der Regel gering.
- Welche **Garantie- und Gewährleistungsansprüche** sind mit Ihrem Produkt verbunden?
- Welche **Risiken für die Umwelt** sind mit der Produktion verbunden? Wenn Sie ein Verfahren zum Fracking entwickelt haben, könnten unter Umständen riesige Entschädigungsforderungen auf Sie zukommen. Die Dimensionen der Umweltzerstörung sind kaum bezifferbar. Ihr Risiko ist in solchen Fällen definitiv sehr hoch.
- Wie sehr können Sie in der angestrebten Unternehmensform **Entscheidungen treffen**, um Risiken abzuwehren? Gerade in Teams kann dieser Aspekt heikel werden. Vielleicht sehen Sie im Gegensatz zu Teamkollegen, dass etwas schief läuft. In einer GbR tragen Sie aber zu gleichen Teilen das Risiko, das durch Entscheidungen Ihrer Mitgesellschafter entsteht.

Seien Sie sich der Risiken bewusst, lassen Sie sich aber deswegen keinesfalls von einer Selbständigkeit abbringen. Verant-

wortlichkeiten und Entscheidungsbefugnisse sollten innerhalb Ihres Unternehmens geklärt und innerhalb der passenden Unternehmensform organisiert werden. Vor manchem Risiko schützen auch Versicherungen.

Wachstumsperspektiven und Unternehmensform

Die Frage, was aus Ihrem Unternehmen werden soll, diktiert die Unternehmensform. Sind Sie mit sich, Ihrer Dienstleistung und einem überschaubaren Kundenkreis zufrieden, können Sie als Einzelunternehmer bestehen. Setzen Sie auf Wachstum und Expansion in fremde Märkte, werden Sie zwangsläufig eine Kapitalgesellschaft gründen. Die ist sowieso Voraussetzung, wenn externe Geldgeber investieren und dafür Unternehmensanteile fordern.

Rechtsform und Image

Bestimmte Gesellschaftsformen stehen für mehr Solidität, eine stärkere Basis – und letztlich für mehr Vertrauen. Das kann bei bestimmten Geschäften ein ausschlaggebender Aspekt für eine Auftragsvergabe sein. In diesem Sinne vermittelt die GmbH oder AG ein anderes Image als eine Personengesellschaft. In manchen Branchen kann das eine relevante Größe sein, die es abzuwägen gilt.

Kosten der Rechtsform

Jede Rechtsform hat ihre spezifischen Gründungskosten. Das sollten Sie ebenfalls in Ihre Überlegungen einbeziehen. So gibt es Anmeldungskosten, aber auch Kosten, die durch die Eigenart der Gesellschaft entstehen, beispielsweise durch die Pflicht zur Berichterstattung (bei AGs).

INTERVIEW

Welche Gesellschaftsform? – nachgehakt bei Stephan Herwartz

Stephan Herwartz ist Inhaber der SAH³ Unternehmensentwicklung, eine Unternehmensberatung im Raum Bonn, Köln, Aachen mit Schwerpunkt auf Strategie, Marketing, Markenaufbau sowie Festigung und Wachstum von Unternehmen.

? Welche Aspekte sind am wichtigsten, wenn man als Gründer über die Gesellschaftsform nachdenkt?

" Die Entscheidung, welche Rechtsform ein Unternehmen führen soll, hat persönliche, finanzielle, steuerliche und rechtliche Folgen – ist also recht komplex und sollte individuell auf den Gründer bezogen beantwortet werden. Was für den einen bei einer Rechtsform wichtig ist, mag für andere unwichtig sein wie beispielsweise das geschäftliche Ansehen einer Rechtsform. Und was heute richtig ist, kann in der Zukunft änderungsbedürftig sein (zum Beispiel Steuern sparen).
Leitfragen könnten unter anderem sein: Gründet man als Gewerbetreibender oder Freiberufler? Allein oder mit Partnern? Ist der Gründer Kauffrau oder Kaufmann? Welche Rechtsform ist in der Branche üblich? Die Haftungsbeschränkung, Imagewirkung, Möglichkeiten der Kapitalbeschaffung und auch die Kosten der Gründung oder der Aufwand zur Führung der Rechtsform sind zu berücksichtigen. Hier sollte man sich professionelle Unterstützung an die Seite holen, stellt man doch einige wichtige Weichen für den Start.

? Kann man die Gesellschaftsform auch jederzeit ändern?

" Grundsätzlich ja, in Deutschland gilt der Grundsatz der freien Wahl der Rechtsform. Aber man sollte sehr genau abwägen, wann und aus welchem Anlass man die Gesellschaftsform ändert. Gründe können unter anderem sein: Wachstum, ein Partner scheidet aus oder kommt neu hinzu oder steuerliche Bedingungen ändern sich. Bei der Umwandlung sind einige wichtige Punkte zu beachten, die auch Fallstricke mit sich bringen können. Das Umwandlungssteuerrecht beispielsweise ist recht komplex und kann beim falschen Vorgehen zu finanziellen Belastungen führen. Man sollte sich auf jeden Fall auch hier professionell beraten lassen. Nicht zuletzt auch, weil eine Umwandlung Kosten mit sich bringt. Für den Änderungsprozess sollte man mindestens drei bis vier Monate berücksichtigen.

? Was ist von Sonderformen wie Mini-GmbHs oder ausländischen „Limiteds" zu halten?

" Die Mini-GmbH wurde auch ins Leben gerufen, um der ausländischen Limited etwas entgegenzustellen. Mit Erfolg – zumal der formelle Aufwand im Ausland schon recht erheblich sein kann. Gerade die Mini-GmbH – oder richtiger die Unternehmergesellschaft (UG – haftungsbeschränkt) mag für Gründer im Einzelfall infrage kommen. Bereits ab einem Euro Einlage können Sie so eine Gesellschaft mit Haftungsbeschränkung gründen. Auch die Kosten der Gründung sind bei der Verwendung des sogenannten Musterprotokolls sehr überschaubar, aus Sicht der Gründer also schon sehr interessant. Die Wahl dieser Rechtsform sollte dennoch sehr genau überlegt werden, da in der Praxis das Ansehen seitens der Banken oder Geschäftspartner doch eher infrage gestellt wird. Auch bestehen Kreditgeber in der Regel auf private Sicherheiten, was die Haftungsbeschränkung faktisch wieder aufhebt. Dazu gibt es noch weitere Auflagen zu Gewinnrückstellungen zur Mindestkapital-Aufstockung und einiges mehr zu berücksichtigen.

DIE MACHT DES MARKETINGS

WAS SIE IN DIESEM KAPITEL ERWARTET…

Als Unternehmer dürfen Sie keinesfalls zu produktorientiert sein – eine alte Sünde der deutschen Ideenmacher. „Der Inhalt muss stimmen, nicht die Hülle." Dem widersprechen wir nicht, aber setzen hier dagegen: „Der Inhalt muss stimmen UND die Hülle". Dafür wollen wir Sie gewinnen und in die Grundlagen des Marketings einführen, das Sie als Unternehmer brauchen, um auf sich und Ihre Produkte aufmerksam zu machen.

Sie haben bereits geklärt, wo Ihr Markt liegen könnte, haben erste Rückmeldungen von potenziellen Kunden eingeholt, Interessen und Bedarfsmeldungen eruiert. Sie haben mit diesen Anregungen weiter an Ihrer Idee gefeilt, erste Prototypen oder Versuche mit Testkunden gestartet.

Jetzt ist es an der Zeit, den Sprung von der Beobachterrolle hin zum aktiven Gestalter zu machen: durch Ihr Angebot (dessen Besonderheiten Ihre Mitbewerber aufhorchen lässt), durch Ihre Preise (auf die andere irgendwie reagieren werden), durch die Kommunikation Ihrer Taten und durch die Wahl der Plätze, an denen Sie Ihr Produkt anbieten. Das alles wird unter dem Begriff des Marketings zusammengefasst. Für viele technikorientierte Menschen ist Marketing nicht mehr als eine bunte Karnevalsveranstaltung – oberflächlich betrachtet. Nüchtern betrachtet ist Marketing das Zusammenführen von Angebot und Nachfrage und damit unerlässlich, damit Ihre Idee am Markt überhaupt erfolgreich sein kann. Gutes und in sich schlüssiges Marketing ist gerade am Anfang schwierig. Dafür gibt es mehrere Gründe:

- In den seltensten Fällen werden Sie eine Ausbildung in Marketing haben. Sie müssen sich also (wieder mal) ein weites Feld der Expertise aneignen, zumindest die Grundbegriffe kennenlernen.
- Ihr Budget ist gerade in der Anfangszeit nicht übermäßig groß – und mit Marketing können Sie viel Geld versenken. Sie müssen also die für Sie passenden Mittel zusammenstellen, gerade auch unter Kostenaspekten.
- Marketing ist ein konstanter Prozess, dessen Ergebnisse nicht immer sofort sichtbar sind: Bis Sie ein schlüssiges Image für Ihre Dienstleistung beziehungsweise Ihre Produkte aufgebaut haben, gehen schnell drei bis fünf Jahre ins Land.

So genial eine Idee ist, so ist sie für Außenstehende nicht immer auf Anhieb zu erkennen. Manchmal stehen zum Beispiel der Nutzung eines neuen Geräts auch alte Gewohnheiten entgegen, die erst mal aufgebrochen werden müssen. Alles eine Frage der aktiven Kommunikation und der Beziehungen zu seinen Zielgruppen. Dass diese Beziehung kreativ zu gestalten ist und auch für angestammte Unternehmen immer Neues bereithält, zeigen die Möglichkeiten neuer Kommunikationswege wie das Web 2.0.

DIE VIER PS

Wenn Sie gründen, müssen Sie Ihr Produkt oder Ihre Dienstleistung in einem erweiterten Zusammenhang sehen: Die Beziehungen von Ihrem Unternehmen zum Markt, konkreter: zum Kunden sind Teil des Ganzen. Ohne diese Beziehungsarbeit werden Sie keinen Erfolg haben. Marketing ist deshalb auch bei Gründungen und Kleinstunternehmen absolute Chefsache und einer der zentralen Punkte Ihrer Selbstständigkeit. Umgekehrt ausgedrückt, wäre es ein fataler Fehler, Ihre Marktbeziehungen im umfassenden Sinne nicht schon von Anfang an mitzudenken. Ein weiterer Fehler ist es zu meinen, dass sich Marketing lediglich in Kommunikationsaufgaben erschöpfen würde. Mal eine Anzeige zu schalten oder einen Flyer zu verteilen, ist kein Marketing – das wäre nur eine vereinzelte und völlig unzureichende Maßnahme unter vielen, die unter dem Begriff des Marketings zusammengefasst werden.

Marketing umfasst alle Aktivitäten, die Ihre Beziehungen zum Markt im Sinne der „Absatzförderung" gestalten, also die Maßnahmen, die dazu beitragen, dass Sie Ihre Leistungen und Produkte beim Kunden „absetzen". Der Kunde steht dabei immer im Zentrum aller Überlegungen. Der Kunde ist König – und von diesem zentralen Gedanken ausgehend, werden im Marketing alle Aktivitäten planvoll und strategisch angegangen. Die Kernfrage für Ihr Handeln lautet dabei: Wo liegt der Nutzen für meine Kunden, wenn ich Dienstleistungen oder Produkte anbiete?

Damit ist auch gemeint, sich vom Wettbewerb abzusetzen, erfolgreicher als die Konkurrenz zu agieren und Chancen am Markt früher als andere zu erkennen. Das Marketing versucht immer, die Kundenwünsche in Erfahrung zu bringen und zufriedenzustellen. Dazu werden Marketingstrategien entwickelt, die mithilfe von Marketinginstrumenten umgesetzt werden. In der Marketingliteratur werden vier Handlungsfelder, die sogenannten vier Ps angeführt:

- Produkt: die Produkt- und Leistungspolitik,
- Preis: die Preispolitik,
- Promotion: die Kommunikationspolitik und
- Platz: die Art und Weise, wie Sie Ihre Produkte vertreiben und wo Sie diese anbieten, die Vertriebspolitik.

Die Produktpolitik – Entscheidungen für das Image

Im Rahmen der Produktpolitik muss der Kundennutzen oder auch der Kundenwunsch immer die zentrale Kategorie aller Entscheidungen sein. Ein Name, den keiner aussprechen kann, ist nicht kundenorientiert. Eine Verpackung, die keiner aufkriegt, ebenso. Eine Dienstleistung, die keiner versteht, genauso.

Was wir deutlich machen wollen, ist relativ einfach: Ein Produkt darf nicht nur über die ihm „innewohnende" Idee definiert werden, sondern muss in seinem komplexen Zusammenhang von Idee, Umsetzung und Wahrnehmung gesehen werden. Produktpolitik lässt sich vor allem an Markenprodukten gut erklären: Eine Marke wie Apple wird heute mit relativ klaren Wertedimensionen wahrgenommen wie Exklusivität, Qualität, Coolness, Trendiness und Lifestyle. Aus einer solchen – sehr verkürzt dargestellten – Anspruchsdefinition lassen sich die weiteren Entscheidungen fürs Marketing herleiten. Eine solche Marke würde nicht preiswert verkauft werden, man würde sie nicht in kostenlosen Anzeigenblättchen bewerben und man würde sie nicht bei Aldi vertreiben.

Damit Sie Ihr Produkt richtig platzieren können, müssen Sie den Kundennutzen auf einen einfach verständlichen Nenner bringen. Das dauert unter Umständen einige Zeit und schleift sich mit den Reaktionen ein, die Sie bekommen. Fangen Sie einfach an: Erstellen Sie eine Webseite, einen (digitalen) Flyer, auf dem Sie Ihr Angebot beschreiben – und arbeiten Sie konstant die Rückmeldungen Ihrer Kunden ein. Gerade bei erklärungsbedürftigen neuen Produkten ist das ein Prozess, den Sie nicht unterschätzen sollten.

- **Qualitätsversprechen einhalten:** Zur Produktpolitik gehört genauso die Frage der Qualität der Dienstleistung und Produkte, der Kundenbetreuung und der Projektabwicklung, die halten müssen, was Sie versprochen haben. Ein Produktdesigner kann außergewöhnliche, noch nicht gesehene Formen eines innovativen Toasters anbieten, aber er muss sich genauso Gedanken über die Qualität der Verarbeitung machen. In diesem Kontext müssen dann auch Garantieversprechen und Gewährleistungsansprüche geregelt werden.
- **Die richtigen Kunden ansprechen:** Zunächst sind Sie vielleicht froh, überhaupt Kunden zu bekommen. Sind das aber auch die Kunden, die Sie wollen? Das können Sie mit Ihrer Produktpolitik steuern. Hochwertige, innovative Produkte dürfen nicht „billig" dargestellt werden; sonst werden Sie nicht Ihr relevantes Publikum erreichen. Massenprodukte wiederum sollten nicht zu exklusiv kommuniziert werden; auch das wird eher abschreckend wirken. Diese Prinzipien müssen Sie auf Ihre konkrete Situation übertragen.

Mit den richtigen Preisen jonglieren

Auch über Ihren Preis steuern Sie Ihre Beziehung zum Markt. Sie machen damit deutlich: Das ist meine Arbeit, mein Produkt wert! Es geht bei dieser Frage nicht nur um Geld, um mehr oder weniger Gewinn, sondern um eine aus der Produktpolitik logisch ableitbare Entscheidung. Preise kommunizieren schließlich auch Inhalte. An ihnen lässt sich beispielsweise festmachen, ob ein Produkt „Premium" oder ein demokratisches Angebot für alle sein soll. Mit Preisen grenzen Sie aus oder beziehen bestimmte Kundengruppen ein.

Einer der größten Fehler bei Newcomern ist, Preisdumping zu betreiben. Das hat zwar Vorteile, weil der Markteinstieg dadurch erleichtert werden kann, aber gerade bei arbeitsintensiven Produkten und Dienstleistungen werden Sie mit einer solchen Einsteigerstrategie nicht weit kommen, wenn die Qualität nicht leiden soll oder wenn Sie es nicht schaffen, geringe Preise durch entsprechend hohe Abverkäufe in der Masse zu kompensieren. Außerdem werden Sie es im weiteren Verlauf schwer haben, Ihre Preise wieder anzuheben.

Was sind Sie und Ihre Produkte wert? Die Beantwortung dieser Frage ergibt sich natürlich aus den Kosten, die gedeckt werden müssen. Der Preis muss erstens zumindest auf Dauer die Selbstkosten übersteigen. Aber auch zweitens das Preisverhalten der Konkurrenz muss berücksichtigt werden und Sie müssen drittens die Preisakzeptanz der Kunden berücksichtigen. Diese drei Aspekte werden in der Marketingliteratur als das „Magische Dreieck der Preispolitik" bezeichnet.

Innerhalb dieses magischen Dreiecks können Sie selbst die Schwerpunkte bestimmen – mit den entsprechenden Konsequenzen, die Ihnen der Markt zeigen wird. Zwar sind Preisschwankungen durchaus üblich, wenn eine Preisstrategie also nach einer angemessenen Zeit nicht aufgeht und der Absatz lahmt, können Sie mit den Preisen hoch- oder runtergehen. Jedoch sind hier auch die strategischen Grenzen zu berücksichtigen: Ein Premiumprodukt kann nicht auf einmal zum Discountpreis angeboten werden oder umgekehrt. Noch einmal: Der Preis ist eine Botschaft, die die Wertedimensionen Ihres Produkts und Ihrer Dienstleistungen transportiert. Deshalb lohnt es sich, sich intensiv Gedanken über Ihre Preisgestaltung zu machen und zu überlegen, auf welchen der drei genannten Aspekte des magischen Dreiecks Sie Ihren Schwerpunkt legen wollen.

Kostenorientierte Preisbildung

Bei der kostenorientierten Preisbildung bestimmen die anfallenden Kosten des Produkts oder der Dienstleistung den Preis. Mit einer einfachen Rechnung kommen Sie hier zu einer Festlegung:

- Fixkosten: Diese Kosten entstehen Ihnen unabhängig vom Umsatz. Sie sind zum Beispiel die Büromiete, Versicherungsbeiträge, Telefon und Internet, Personalkosten (auch Sie selbst).
- Variable Kosten: Diese Kosten werden direkt vom Produkt beziehungsweise der Leistung verursacht, zum Beispiel durch Materialverbrauch, Handelsrabatte oder Fremdleistungen. Diese Kosten sind abhängig vom Umsatz.
- Angemessener Gewinnaufschlag: Zuschlag von einem gewissen Prozentanteil pro Einzelteil oder für ein Gesamtprojekt. Daraus finanzieren Sie zum Beispiel Zeiten geringer Umsätze, Rücklagen für Investitionen etc.
- Nun schlagen Sie noch die Mehrwertsteuer drauf, insofern diese für Sie zutrifft, und erhalten so den Bruttopreis, also den Verkaufspreis für Endkunden.

Außer den Kosten und dem gewünschten Gewinn sind keine weiteren Informationen erforderlich. Allerdings kalkulieren Sie damit unter Umständen auch am Markt und den Kunden völlig vorbei. So ist es möglich, dass zu diesem Preis keiner das Produkt kaufen will. Andererseits könnte es aber auch sein, dass der Markt einen wesentlich höheren Preis akzeptieren würde.

Konkurrenzorientierte Preisbildung

Auf dem Markt wird es immer vergleichbare Produkte und Wettbewerber geben, mit denen Sie konkurrieren. Wenn PR-Dienstleistungen vom Wettbewerb zu einem bestimmten Preisniveau angeboten werden, wäre es nahezu unmöglich zu vermitteln, wenn Sie das Fünffache der normalen Preise verlangen würden. Es ist deshalb sinnvoll, sich an den Preis-Leistungs-Verhältnissen der Wettbewerber zu orientieren. Gucken Sie sich genau um, sammeln Sie Informationen und rechnen Sie einfach mal nach, was der Durchschnittspreis aller Anbieter ist, was der Preis eines direkten Wettbewerbers oder des jeweiligen Marktführers ist.

Wenn Sie den Marketinggedanken verinnerlicht haben, wissen Sie, dass der Markt nicht einfach ein statisches Gebilde ist. Auch bei der Preispolitik haben Sie Spielräume und sind nicht sklavisch an den Branchendurchschnitt gebunden. Um eine eigene Preispolitik betreiben zu können, sollten Sie immer wieder versuchen, sich durch einen Mehrwert von der Konkurrenz abzuheben.

Nachfrageorientierte Preisbildung

Bei der nachfrageorientierten Preispolitik stehen die aktuellen Marktverhältnisse, steht also die Zahlungsbereitschaft der Kunden im Mittelpunkt. Als freie Künstlerin können Sie Ihre Grafiken nicht nur nach Kosten und dem Preisniveau der Wettbewerber kalkulieren. Gerade am Kunstmarkt bringen Sammler und ihre Leidenschaft alle rationalen Kalküle durcheinander. Aber auch bei anderen Produkten wie Designobjekten oder Möbeln ist es sehr hilfreich, die Zahlungsbereitschaft potenzieller Kunden zu erfragen. Das können Sie durch einfache Fragebögen bei Ihren Zielgruppen machen. Dazu gehören Händler, die immer ein gutes Gespür für die Verkäuflichkeit von Produkten haben, aber auch Endkunden, an die Sie verkaufen wollen.

Drei Herangehensweisen gibt es:

- Preisschätzungstests. Hier fragen Sie, was das Produkt kosten sollte.
- Preisempfindungstests. Hier fragen Sie, ob ein Produkt sehr teuer, teuer, billig oder sehr billig ist.
- Preisbereitschaftstest. Hier benennen Sie bereits einen konkreten Preis und fragen, ob Kunden bereit wären, das Produkt zu diesem Preis zu kaufen.

Sie haben nun drei Vorgehensarten kennengelernt, die Sie bei Ihrer Preisfindung unterstützen können. Zusätzlich gibt es noch viele weitere Möglichkeiten. So können Sie Preise zum Beispiel nach Kundengruppen oder bestimmten Angebotszeiten unterscheiden.

PROMOTION – TUE GUTES UND REDE DARÜBER

Das, was Sie erfunden haben und was Sie dem Markt anbieten wollen, muss kommuniziert werden, sonst werden Sie schlicht nicht wahrgenommen. Im Idealfall präsentieren Sie Ihr Unternehmen beispielsweise als kreativ und nachhaltig mit einem einzigartigen Produkt oder einer einzigartigen Dienstleistung. Wer dieses Produkt oder diese Dienstleistung kauft, identifiziert sich mit Ihrem Produkt, Ihrer Dienstleistung und mit Ihrer Philosophie. Sie denken: Nichts leichter als das?

Um eine derartige Wahrnehmung am Markt aufzubauen, sind in aller Regel jedoch große Anstrengungen vor allem bei der Kommunikation erforderlich. Mit kommunikativen Eintagsfliegen ist ein Imageaufbau kaum zu erreichen. Ihre Promotion muss über einen längeren Zeitraum in sich konsistent aufgebaut sein.

Vielleicht denken Sie jetzt: Wer hat als Gründer schon einige hunderttausend Euro in der Hand, um eine europaweite Medienkampagne mit klassischer Werbung und allerlei „Below-the-line-Maßnahmen" (außerhalb der regulären Aktivitäten, zum Beispiel zu besonderen Anlässen), Product Placements (Produktplatzierungen in den Medien) und begleitender Öffentlichkeitsarbeit (Public relations = PR) zu finanzieren? Allerdings würden Sie so etwas vielleicht auch gar nicht wollen: Denn was Sie versprechen, sollten Sie auch halten – und könnten Sie im Zweifel Nachfragen aus allen Teilen Europas bedienen? Ihre Kommunikation muss also auch auf Ihre Leistungsfähigkeit abgestimmt sein. Sie wächst mit Ihren Ressourcen und mit Ihrem Unternehmen mit. Aber Geld ist bei der Promotion nicht alles.

Sie brauchen auch Zeit. Die Texte für eine Webseite sind nicht so schnell nebenher erstellt, die begleitende Pressemitteilung braucht Zeit und Konzentration und die regelmäßigen Blogeinträge ein paar spritzige Gedanken, die nicht im hektischen Alltag entstehen. Auch die Optimierung Ihrer Suchmaschinenauffindbarkeit im Internet (SEO) kann schnell ein paar Abende in Anspruch nehmen. Auch wenn Zeit beim Gründen knapp ist: Regelmäßige Kommunikationsaktivitäten sind für Ihre Unternehmung essenziell – reservieren Sie sich Zeit dafür und lassen Sie es nicht unter den Tisch fallen. Sie können hier schon mit relativ wenig Aufwand viel ausrichten. Und fehlendes Geld können Sie durchaus mit Kreativität ersetzen.

Der grundsätzliche Anspruch der Kommunikationsarbeit im Rahmen Ihres Marketings ist, alle relevanten Zielgruppen mit Informationen zu versorgen, Imageaufbau zu betreiben und den Verkauf zu befördern. Seit Jahrzehnten nutzt man diesbezüglich ein Modell, um die Aufgabe der Kommunikation am Markt zu beschreiben: das AIDA-Modell. Erstellt von Elmo Lewis im Jahre 1898 ist es hilfreich, um einen grundlegenden Gedankengang vorzustellen. AIDA ist das Akronym für:

- Attention (Aufmerksamkeit) – Die Aufmerksamkeit des Kunden wird angeregt.
- Interest (Interesse) – Er interessiert sich für das Produkt. Das Interesse des Kunden wird erregt.
- Desire (Verlangen) – Der Wunsch nach dem Produkt wird geweckt. Der Besitzwunsch wird ausgelöst.
- Action (Handeln) – Der Kunde kauft das Produkt möglicherweise.

Dieses Modell hat seinen Reiz, weil es einen idealtypischen Vorgang beschreibt, der durch gezielte Kommunikationsarbeit von Unternehmen ausgelöst werden kann. Man kann diesen Prozess von der Aufmerksamkeitsgenerierung hin zum Handeln, also dem Kauf eines Produkts, nach wie vor als Ziel definieren. Für Sie als Gründer heißt das zum Beispiel: Sie können zwar in aufwendig gestalteten Flyern Ihre Unternehmung vorstellen, das wird Ihnen aber wenig bringen, wenn Sie nicht gleichzeitig darstellen, wie der Kunde Ihr Produkt oder Ihre Dienstleistung kaufen kann. Ihre Energie (und Geld) verpufft dann ohne Effekt.

Allerdings: Das AIDA-Modell steht zu Recht auch in der Kritik, weil es zu schematisch ist und der Kunde als Objekt eines simplen Reiz-Reaktions-Prozesses gesehen wird. Wir wissen: Der Kunde ist König und mittlerweile auch mündig, informiert und nicht einfach steuerbar. Unserer Meinung nach kann eine erfolgreiche und zeitgemäße Kommunikation nur im Dialog und auf Augenhöhe stattfinden.

Dialogische Kommunikation auf Augenhöhe bedeutet zunächst einmal, seriöse Informationen zu vermitteln und den Kunden ernst zu nehmen. Verkaufen Sie niemandem eine unbrauchbare Erfindung als ein unbedingtes Muss für die Lebensführung – in der Regel werden Ihre Kunden es merken. Kunden, die sich für dumm verkauft fühlen, richten kollaterale Imageschäden an, zum Beispiel indem sie im Internet entsprechende Informationen posten. Zum Aufbau des Dialogs mit Ihren Kunden stehen Ihnen verschiedene Wege der Kommunikation zur Verfügung:

- Klassische Werbung
- Public Relations (PR)
- Virales Marketing

Diese drei Felder gehen ineinander über. Wir stellen sie hier dennoch getrennt dar, da sie jeweils unterschiedliche Schwerpunkte setzen. Für selbstständige Erfinder und generell Ein-Mann/Frau-Betriebe sind die Möglichkeiten des Internets interessant.

Werbung für Ideen

Unter Werbung verstehen wir die vorteilhafte Darstellung Ihrer Unternehmung, Ihrer Produkte oder Ihrer Dienstleistungen in der Öffentlichkeit. Das können Sie über verschiedene Medien tun: Sie erstellen Ihre eigene Webseite, eine Postkarte, einen Informationsflyer, eine Broschüre.

All diese Medien benötigen jedoch einen Rahmen und eine Kennung: Sie brauchen zunächst ein Logo, einen Namenszug, eine Bildmarke, die sich durch die grafische Gestaltung von anderen in Ihrem Umfeld abhebt. Solche „Bilder" prägen sich bei Ihren Kunden wesentlich schneller ein als lange Erklärungen. Ihre Kennung, das heißt das Logo, wie auch die Festlegung von bestimmten Schriften und Farben, die Sie verwenden, ist essenziell. Mit jeder Kommunikationsaktivität hinterlassen Sie mit Ihrem Logo eine Spur im Gedächtnis Ihrer Kunden. Wenn Sie sonst nicht viel Geld investieren wollen – hier müssen Sie es. Es muss nicht gleich die teuerste Agentur sein, die Sie beauftragen. Ein Grafiker, der Ihnen verschiedene Vorschläge macht und gemeinsam mit Ihnen die Besonderheit herausarbeitet, sollte es aber schon sein. Auch Sie selbst müssen sich mit Ihrem Logo identifizieren. An der Aufmachung Ihres Logos, Ihres Namenszugs sollte sich dann auch der Eindruck Ihrer Geschäftspapiere orientieren: Passende Schrift und Gliederung der Textblöcke, ansprechende Aufmachung. Bedenken Sie, dass auch Ihre Geschäftspapiere, also Briefbögen, Rechnungsvorlagen und Visitenkarten beim Kunden Ihre Eintrittskarte sein können.

Wenn Sie sich für die Erstellung einer Informationsmappe oder eines Flyers entscheiden, können Sie Ihr Logo und die damit erstellten „Stilvorgaben" gleich zur Anwendung bringen. Nehmen Sie sich außerdem das AIDA-Modell vor und überlegen Sie, ob in Ihrem Flyer alle Informationen zu den vier beschriebenen Schritten vorhanden sind. In digitaler Form können Sie den Flyer auch auf Ihrer Webseite zur Verfügung stellen.

Anzeigen stellen eine weitere Möglichkeit für Ihre Werbung dar. Der Vorteil ist, dass Sie die Botschaft darin selbst bestimmen können und keine Redakteurin die Inhalte bewertet und abändert – wie es etwa in Ihrer Pressearbeit der Fall ist. Werbung eignet sich vor allem zum emotionalen Imageaufbau. Lassen Sie Anzeigen jedoch unbedingt von professionellen Dienstleistern erstellen, denn selbstgebastelte Anzeigen wirken in der Regel kontraproduktiv. Auch bei der Werbung ist die Frage der Platzierung in relevanten Zielmedien essenziell. Für diese Medienplanung gibt es eigene Dienstleister. Wenn Sie jedoch keine breite internationale Bewerbung Ihres Produkts betreiben wollen, sondern beispielsweise als Erfinder eines Roboterhunds zunächst einen nationalen Markt ansprechen, dann können Sie die Medienplanung auch selbst vornehmen. Gucken Sie, welche Medien thematisch passend sind, recherchieren Sie Kontaktdaten der Werbeabteilungen und verhandeln Sie die Preise. Übrigens ist Print alleine heute vollkommen überholt. Buchen Sie Pakete mit Präsentationen auf Webseiten und in den sozialen Netzwerken.

Besonders wichtig für Ihre Werbung ist Ihre Webseite: Wer nicht im Netz existiert, wird nicht wahrgenommen. Ihre Onlinedarstellung ist Ihr Aushängeschild. Auf der Webseite haben Sie die Möglichkeit, Ihre Produkte und Dienstleistungen sowie Kontaktdaten vorzustellen. Außerdem können Sie die Texte und Bilder schnell und ohne weitere Kosten aktualisieren. Vermeiden Sie jedoch große Textwüsten. Das schreckt Besucher eher ab. Bringen Sie auch hier Ihre Botschaft auf den Punkt. Wenn Ihre Kunden dennoch vertiefende Informationen haben wollen, können Sie diese über spezielle Downloads oder Extraseiten zur Verfügung stellen.

Die schönste Internetpräsenz macht allerdings wenig Sinn, wenn sie nicht gefunden wird. Natürlich können Sie Ihre Webseite auch rein für die Weitergabe an persönliche Kontakte nutzen. Sie verschwenden damit aber Potenzial. Je mehr Menschen mit eigenen Webseiten und Angeboten sich im Netz tummeln, desto wichtiger ist die Optimierung der eigenen Seite für die Suchmaschine. Schon mit ein paar einfachen Griffen können Sie dazu beitragen: Vergeben Sie Stichworte in den „Metatags" Ihrer Seite, die sich auch im Text Ihrer Webseite wiederfinden. Halten Sie die Inhalte aktuell und sorgen Sie dafür, dass Ihre Seite im Netz vernetzt ist, das heißt, dass nicht nur Sie auf andere, sondern auch andere auf Sie verweisen. Und schauen Sie sich von Zeit zu Zeit die Besucherstatistik Ihrer Webseite bei Ihrem Provider an: Wie viele Seiten Ihres Webauftritts schauen sich Ihre Besucher in der Regel an? Favorisieren sie eine spezielle Seite? Haben Sie besonders viele Besucher nach oder vor einer Werbeaktion? Wie viele Besucher haben Sie überhaupt, zum Beispiel jeden Monat? Webseitenoptimierung ist inzwischen sehr umfangreich, dazu gibt es ausreichend Fachliteratur. Halten Sie für sich den richtigen Aufwand im Blick.

Wichtig sind auch rechtliche Aspekte einer Webseite, insbesondere, wenn darüber verkauft wird. Über die aktuellen Pflichtangaben wie Impressumspflicht informieren die IHKs.

Weitere Werbeinstrumente können für entsprechende Fragestellungen herangezogen werden: Direktmailings (Werbebriefe oder E-Mails direkt an Endkunden),

Messeauftritte, Product Placements (Platzierung Ihrer Produkte in den Medien). Die Entscheidung zur Nutzung eines Kommunikationsinstruments fällt immer mit der Frage, inwiefern Sie damit die für Sie relevanten Zielgruppen erreichen können. Denken Sie daran, dass die Kommunikationsarbeit nie alle potenziellen Kunden auf einmal erreichen wird. Es geht auch nicht um die Ansprache jeder einzelnen Person, sondern immer um Synergie- und Bündelungseffekte durch (massenmediale) Multiplikatoren. Um es bildlich zu machen: Gehen Sie nicht von Haustür zu Haustür und klingeln bei jedem mal an, um Ihren neuen Infrarottoaster zu präsentieren, sondern suchen Sie die Gelegenheiten, wo Sie viele für Sie interessante potenzielle Kunden erreichen können.

Public Relations (PR) Stück für Stück aufbauen

Public Relations geht über die rein einseitige, werbliche Darstellung Ihrer Produkte und Leistungen unter Verkaufsaspekten hinaus. Mit PR bauen Sie gezielt Beziehungen zu Kundengruppen auf. Sie dienen dazu, Ihr Unternehmen sowie Ihre Produkte und Dienstleistungen bekannt zu machen. Allerdings ist auch hier im Blick zu behalten: Im Sinne Ihres Unternehmens und Ihrer Existenzsicherung ist Bekanntheit in einem speziellen Kreis nur sinnvoll, wenn Sie damit mehr Umsatz generieren. Bei der Planung Ihrer PR-Aktivitäten sollen Sie also gut überlegen, ob diejenigen, die Sie damit erreichen, in der Folge dann auch Ihre Kunden sein werden. Gemäß AIDA: Wenn Sie „interest" generiert haben – kann dann auch „desire" beziehungsweise „action" folgen? Medien, die Sie für Ihre PR nutzen, sind zunächst klassische Medien wie Zeitungen und einschlägige Zeitschriften. Nach wie vor haben diese analogen Medien nämlich einen großen Vorteil – sie werden zum Teil als glaubwürdiger wahrgenommen als Informationen aus dem Internet.

Um Pressearbeit zu betreiben, müssen Sie zunächst Ihre Botschaften formulieren: Was genau bieten Sie an? In welcher Qualität, zu welchem Preis, wo und wie kann man es kaufen? Welche Wertedimensionen (besondere Qualität, langjährige Erfahrung etc.) bieten Sie an? Diese grundsätzlichen Fragen müssen Sie für sich beantworten können und auf einfache Formeln bringen, die jeder versteht.

EINE PRESSEMITTEILUNG SCHREIBEN

Eine gute Pressemitteilung ist ein komprimierter Text von maximal ein bis zwei Seiten. Kurz und knapp, das Wichtigste an den Anfang (der Redakteur muss von hinten abschnittsweise kürzen können), sachlich und direkt kommunizieren – das sind die wichtigsten Regeln beim Erstellen einer Pressemitteilung. Je journalistischer die PM verfasst wird, desto wahrscheinlicher ist es, dass die Empfänger, Journalisten, den Text ernst nehmen und Interesse entwickeln. So wird eine PM aufgebaut:

- Die **Kopfzeile:** Sie enthält das Logo beziehungsweise den Absender, der die PM verschickt.
- Die **Headline (Überschrift):** Kurz und prägnant, verdichtet den Inhalt der Mitteilung und macht vor allem den Nachrichtenwert der Mitteilung deutlich. Gegebenenfalls Ergänzung durch eine kurze erklärende Subheadline (Unter-Überschrift).
- Die **Spitzmarke** zu Beginn des Textes enthält den Ort der Handlung und das Datum (beispielsweise: Berlin, 20.7.2014).
- Der **Text:** Der erste Satz ist der wichtigste, allgemeinere Informationen folgen am Ende. Der Text sollte die sechs W-Fragen beantworten: Wer? Wo? Wann? Was? Wie? Warum? Kurze und verständliche Sätzen erhöhen die Erfolgswahrscheinlichkeit, ein bis zwei Zitate im Text machen sich gut.
- Die **Boilerplate** (fertiger Textbaustein) bietet Journalisten die Möglichkeit, auf einen Blick das Tätigkeitsprofil einer Organisation beziehungsweise eines Unternehmens zu erfassen: Sie enthält die wichtigsten allgemeinen Angaben zum Unternehmen, das hinter der Mitteilung steht (zum Beispiel Anzahl der Mitarbeiter des Unternehmens, Umsatz, Standorte, Branchenschwerpunkte, Gründung). Die Boilerplate ist also ein über einen längeren Zeitraum gleichbleibender Textblock ohne direkten Bezug zum aktuellen Anlass.
- Geben Sie unbedingt einen **Pressekontakt** an, möglichst mit einer Telefonnummer und E-Mailadresse.

Nutzen Sie dann für die Presse relevante Anlässe, um auf sich aufmerksam zu machen: Ihre Geschäftseröffnung, Präsentation einer Erfindung, neue Kollektionen etc. Kommunizieren Sie nach außen, was Nachrichtenwert hat. Für den Nachrichtenwert sind folgende Kriterien ausschlaggebend:

- Aktualität: Eine Nachricht bezieht sich auf einen aktuellen Anlass.
- Neuigkeit: Das Thema ist in den Redaktionen und bei den Lesern (noch) nicht bekannt.
- Relevanz: Das Thema hat eine Bedeutung für Ihre Zielgruppen.

- Originalität: Ungewöhnliche Aktionen sind eine Nachricht wert.

Eine der entscheidenden Fragen ist, an wen Sie die Pressemitteilung schicken. Sie müssen zunächst Ihre Zielmedien bestimmen. Eine Pressemitteilung zu einer Erfindung für „Golden Agers" (man kann sie auch als Senioren bezeichnen) wäre bei einem Medium wie der Jugendzeitschrift Bravo ziemlich fehl am Platz. Suchen Sie sich die Medien zusammen, die thematisch sinnvoll sind. Medienadressen können Sie selbst recherchieren. Halten Sie die Augen offen: Welche Zeitungen und Zeitschriften liest meine Zielgruppe? Mit welchen Medien kommen sie in Kontakt? Meist ergibt sich ein gut überschaubarer Verteiler an Medienadressen innerhalb einer Region. Je mehr Sie in der Breite und auch über regionale Grenzen hinweg kommunizieren wollen, desto aufwendiger ist die Suche. In diesem Fall können Sie ausgewählte Medienadressen auch einkaufen.

MEDIENVERTEILER KAUFEN

Die führenden deutschen Anbieter sind www.zimpel.de und www.stamm.de. Sie können – je nach Lizenz – dann per Stichwortsuche die passenden Medien und Redaktionen zu Ihrem Thema suchen und als Verteiler zusammenstellen. Den Versand können Sie per Mail oder Fax starten. Sind es viele hundert oder sogar tausend Adressen, die Sie bedienen wollen, kann es sinnvoll sein, eine entsprechende Software wie www.supermailer.de zu nutzen.

Wann? Schicken Sie Pressemitteilungen so ab, dass sie dienstags, mittwochs oder donnerstags auf den Redaktionstischen landen – montags und freitags geht's erfahrungsgemäß sehr hektisch in den Redaktionen zu. Presseinformationen, die Terminankündigungen enthalten, sollten ein bis zwei Wochen vor dem Ereignis in den Redaktionen vorliegen. Erkundigen Sie sich jedoch immer über den Redaktionsschluss eines Mediums. Wochen- oder Monatsmagazine haben entsprechend längere Vorlaufzeiten, die Sie beim Presseversand berücksichtigen müssen.

Erwarten Sie nicht, dass nach einem Presseversand alles getan ist und Ihre Botschaften dann 1:1 in der Zeitung oder im Fernsehen landen. Gehen Sie davon aus, dass Sie als Gründer erst einmal keinerlei Aufmerksamkeit bekommen. Das hat unter Umständen mit der Qualität Ihrer Pressemitteilung zu tun, mit der Konkurrenzsituation verschiedener Nachrichten, aber auch sehr viel mit Faktoren, die Sie nicht weiter bestimmen können. In vielen Redaktionen quellen Faxe oder Mailboxen geradezu über. Redakteure bekommen Hunderte Pressemitteilungen am Tag, da kann einiges schnell untergehen. Es sind deshalb Geduld und ein langer Atem angebracht. Es ist durchaus üblich, telefonische Nachfassaktionen durchzuführen und bei den angeschriebenen Redakteuren direkt nachzufragen, ob Ihre Pressemitteilung angekommen ist und ob der Redakteur eventuell weitere Informationen wünscht. Seien Sie aber auf keinen Fall zu aufdringlich. Mit den drei bis vier für Sie wichtigsten Medien sollten Sie, wenn möglich, eine vertrauensvolle und auch persönliche Beziehung aufbauen. So können Sie künftig noch gezielter mit den jeweiligen Redakteuren und Journalisten kommunizieren.

Eine weitere Möglichkeit, Informationen zu verbreiten, gibt es mit den zahlreichen, meist kostenlosen Versandangeboten wie www.openpr.de und www.yourpr.de. Immerhin erreichen Sie damit, dass Ihre Unternehmensnachrichten im Netz sichtbar werden und beispielsweise bei Google News erscheinen.

Virales Marketing – Einfach weitersagen

Die einfachste Variante Ihrer Kommunikationsarbeit kann tatsächlich das permanente Sprechen über Ihre Idee sein: Bei Partys, bei Verwandten oder bei Netzwerktreffen haben Sie immer wieder Gelegenheit, darauf aufmerksam zu machen. Wenn Ihre Produkte und Dienstleistungen halten, was sie versprechen, dann werden Freunde, Bekannte und natürlich auch bestehende Kunden Sie gerne weiterempfehlen. Verteilen Sie dazu kleine Flyer oder Visitenkarten. Virales Marketing (Empfehlungsmarketing), wie man es heute nennt, ist alles andere als uneffektiv, auch wenn es sich hierbei um eine für Sie aufwendige Kommunikationsarbeit handelt. Aber Studien belegen mittlerweile, dass das virale Marketing ein ernstzunehmendes Konzept ist, das vor allem auch für kleine Marktakteure bedeutend ist. Das virale Marketing beschränkt sich dabei nicht nur auf interpersonale Kommunikation, sondern lebt vor allem auch stark von den Möglichkeiten im Internet. Die Zauberwörter lauten hier: Web 2.0 und Social Communities. Es bedient sich dabei verschiedener Methoden, um die Nachricht zu publizieren, zum Beispiel Gratispostkarten, Filmclips auf Youtube oder Beiträge in Internetforen und Blogs. Mit Social Networks wie Facebook, MySpace, Xing und Youtube können Sie bereits eine ganze Reihe von potenziellen Kunden erreichen. Richten Sie dazu eigene Accounts ein und pflegen Sie Ihre Auftritte in den Social Networks regelmäßig mit neuen Inhalten.

Die digitale Sichtbarkeit kann gesteigert werden, indem Sie einen eigenen Blog betreiben. Schreiben Sie regelmäßig über sich und Ihre Ideen. Erwarten Sie dabei nicht, dass Sie tausende regelmäßige Leser – oder im Falle des Mikro-Blogs Twitter entsprechend viele Follower – haben werden. Aber Sie werden dadurch eher wahrgenommen, Sie haben Vernetzungsmöglichkeiten mit anderen und positionieren sich öffentlich mit einem Blog und regelmäßigen Beiträgen zu „Ihrem" Thema.

Die Möglichkeiten des viralen Marketings im Internet haben aber auch ihre Tücken. Wenn Sie mal hier eine Note fallen lassen und dann wieder dort eine Spur hinterlassen, laufen Sie Gefahr, viele einzelne Puzzleteile zu streuen, die wenig Zusammenhang und somit kein erkennbares Gesamtbild ergeben. Sie können unendlich viel Zeit damit verbringen, Beiträge in Internetforen zu schreiben, einen Blog zu unterhalten, zu twittern und so weiter. Versuchen Sie sich deshalb vor allem in Ihrer Gründungszeit zu fokussieren – denn auch virales Marketing sollte geplant sein.

INTERVIEW

Die größten Marketing-Fehler – nachgehakt bei Stefan Hansen

Stefan Hansen ist seit 1989 Geschäftsführender Gesellschafter der Dorland Werbeagentur GmbH in Berlin.

? Marketing kann – schlecht gemacht – auch kontraproduktiv sein. Welche Fehler werden am häufigsten gemacht?

„ Sicherlich passieren oft auch sogenannte „Stockfehler", mit denen gute Kampagnen ruiniert werden. Das kann zum Beispiel die Auswahl des falschen Models sein, falsche Musik oder schlecht gestaltete Plakate. Diese Dinge sind korrigierbar. Gravierender sind jedoch Fehlplanungen in der strategischen Basis einer Kampagne. Zu oft vertrauen insbesondere Gründer neuer Unternehmen auf Ihren „Bauch" und sind dabei zu oft in ihre Ideen so verliebt, dass kein Auftrag für eine grundlegende Strategie an eine Agentur erteilt wird, die noch einmal ohne Betriebsblindheit auf das Projekt schaut: Ist die Idee wirklich gut? Gibt es Alleinstellungsmerkmale? Ist die Zielgruppe richtig definiert?

Stimmt das Pricing?

? Gibt es typische Fehler, wenn ausländische Märkte angesprochen werden?

" Kunden, die zuvor nur national gehandelt haben, unterschätzen oft die Kulturunterschiede, die selbst im gleichsprachigen Ausland vorherrschen. Oft wird nur die heimische Idee kopiert und exportiert, was selten klappt. Jeder Markt hat seine Besonderheiten: Ein Auto, das hier Nische ist, kann in einem anderen Land Luxus sein und in einem dritten Mainstream.

? Und welche Fehler passieren bei der Budgetplanung?

" Grundsätzlich kann man davon ausgehen, dass es immer doppelt so lange dauert wie gedacht und dreimal so teuer wird. Eine realistische Budgetplanung muss nicht nur Adaptionen für den neuen Zielmarkt und eine Budgetierung der Medien beinhalten, sondern auch Betreuung vor Ort und Tracking der Ergebnisse. Viele Kunden vernachlässigen dieses und denken, wenn etwas nur zwei Flugstunden entfernt ist, kann man es vom Headquarter aus einfach steuern. Aber erfolgreiches Marketing in neuen Märkten ist kein Urlaub, den man mal durchführen kann und danach wieder ab nach Hause. Es erfordert Präsenz und Arbeiten im Markt. Die vielen Kleinigkeiten hinter der großen Kampagne können zermürbend und zeitaufwendig sein – insbesondere in Märkten mit fremder Sprache und Kultur.

? Ist es ein Fehler, nur auf virales Marketing zu setzen und andere Kanäle auszuschließen?

" Es ist völlig falsch zu glauben, man könne mit einem Kommunikationskanal die gesamte Zielgruppenansprache abdecken. Wenn es dafür budgetäre Überlegungen gibt, sollte man lieber abwägen, ob man es sich überhaupt leisten kann/will, eine Kampagne zu lancieren. Kein Kanal alleine kann auf Dauer eine Marke erfolgreich und in allen Facetten abbilden. Wenn man sich „offiziell erfolgreiche Viral-Kampagnen" genauer ansieht, so stellt man schnell fest, dass dahinter eine konzertierte Aktion diverser Kommunikationskanäle steht. Zudem sollte es einem zu denken geben, dass nach und nach alle Onlineangebote irgendwann Offline-Werbung nutzen (müssen). Die klassische Werbung ist noch lange nicht tot und online/viral sollte wie alle anderen Kommunikationskanäle als ein – zugegeben sehr wichtiger – Kanal unter vielen gesehen werden.

Zur richtigen Zeit am richtigen Platz

Sie haben Ihr Produkt oder Ihre Dienstleistung entwickelt, machen Werbung und Öffentlichkeitsarbeit. Aber eine weitere entscheidende Frage des Marketings ist, wo potenzielle Kunden Ihre Produkte überhaupt kaufen oder Ihre Dienstleistung in Anspruch nehmen können.

Wenn Sie wirklich in die Breite des Marktes gehen oder überregional anbieten wollen, sind Sie auf Vertriebsunterstützung angewiesen. In der Regel werden Sie deshalb ein indirektes Vertriebssystem aufbauen und Vertreter, Zwischenhändler und Händler einbeziehen müssen, um Ihre Produkte dort zu platzieren, wo Kunden sie komfortabel und in einem positiven Umfeld konsumieren können. Ob für Mode, Bücher, Software – die Prinzipien des indirekten Vertriebs sind gleich: Sie suchen sich engagierte Handelsvertreter oder Agenten. Die wiederum kontaktieren die vielen Groß- oder Zwischenhändler, über die wiederum der Einzelhandel oftmals seine Waren bezieht. Je nach Branche müssen Sie die gängigen Vertriebswege genau studieren.

Direkte Vertriebswege, also von Ihnen direkt zum Kunden, haben den Vorteil, dass Gewinnmargen weiterer Marktteilnehmer wie Händler oder Agenten eingespart werden und Produkte preiswerter angeboten werden können beziehungsweise mehr bei Ihnen hängen bleibt. Eine relativ kostengünstige Möglichkeit dazu bietet Ihnen das Internet: Durch einen eigenen Webshop können Sie Ihre Produkte präsentieren und mit entsprechenden Zahlungsmodalitäten versehen. Sie werden aber auch hier merken, dass andere mitverdienen wollen: Miete für den Webshop und Gebühren für den Geldtransfer schmälern Ihre Einnahmen. Halten Sie auch hier immer gut im Blick: Was bringt mir dieser Vertriebsweg und was kostet er mich? Gibt es möglicherweise andere Wege, über die ich meine Produkte kostenintensiver, aber dafür in breiterer Masse in den Markt bringen kann?

Gutes Marketing als Unternehmensstrategie

Sie haben nun einen Einblick in die vier Ps des Marketing bekommen. Wie alle Ps und AIDAs ist das ein Modell, reduziert und in manchen Aspekten verkürzt. Was wir in diesem Kapitel damit deutlich machen wollten, ist: Ihr Marketing setzt sich aus verschiedenen Säulen zusammen. Sie sollten alle im Blick haben. Leitender Gedanke beim Aufbau der einzelnen Bereiche ist Ihre Unternehmensstrategie – die Richtung, in die Sie mit Ihrem Unternehmen wollen. Ihr Marketing muss dazu passen, sonst verpufft es im luftleeren Raum.

Erfinderquiz

50 Quizfragen zum Thema Erfindungen. Nur eine Antwort ist richtig.

1 Warum glaubte Gottlieb Daimler, dass sich die Erfindung des Autos niemals durchsetzen würde?
[a] Weil es zu wenig Chauffeure gibt
[b] Weil es niemals genug Kraftstoff geben wird
[c] Weil das Automobil zu laut und teuer ist

2 In welchem europäischen Land wurden 2012 die meisten Patente pro Einwohner eingereicht?
[a] Schweden
[b] Deutschland
[c] Schweiz

3 Welche Erfindung verbirgt sich hinter der US-Patentnummer 2602996?
[a] Brille mit Scheibenwischer
[b] Spaghettigabel mit drehbarem Antrieb
[c] Fernseher mit integriertem Kühlschrank

4 Der Camembert stammt aus der Zeit der Französischen Revolution. Wer oder was gab dem Käse seinen Namen?
[a] Ein französischer Priester namens Camembert
[b] Das Dorf Camembert
[c] Das französische Wort für Weichkäse, „Camembert"

5 Aus welchem Gegenstand bastelte Melitta Bentz den ersten Kaffeefilter der Welt?
[a] Löschblatt aus einem Schulheft
[b] Zeitungspapier
[c] Taschentuch

6 In den 1920er Jahren erfand Adolf Dassler die ersten Turnschuhe. Für welchen Sportartikelhersteller war das die Geburtsstunde?
[a] Nike
[b] Adidas
[c] Puma

7 Das Computerspiel TETRIS stammt ursprünglich aus welchem Land?
[a] USA
[b] Sowjetunion
[c] Japan

8 Unter welchem Namen waren die ersten Fallschirme bekannt?
[a] Schweden-Plane
[b] Ikarus-Ballon
[c] Paulus-Schirm

9 In welcher Stadt sitzt das Deutsche Patent- und Markenamt?
[a] München
[b] Hamburg
[c] Berlin

10 Welcher Person verdanken wir das durchsichtige Klebeband?
[a] Oskar Troplowitz
[b] Werner Heisenberg
[c] Alexander Behm

11 Aus welchem Land stammt das Audio-Dateiformat MP3?
[a] China
[b] USA
[c] Deutschland

12 Aus welcher deutschen Familiendynastie stammt einer der wichtigsten Deutschen Atomphysiker?

[a] Weizsäcker
[b] Krupp
[c] Bismarck

13 In welchem Jahr drängte die Erfindung des Deo-Rollers auf den Markt?

[a] 1965
[b] 1975
[c] 1985

14 Wieviel Patente erlangte Thomas Edison?

[a] 132
[b] 503
[c] 1 093

15 Wer erfand das Perpetuum mobile?

[a] Albert Einstein
[b] Leonardo da Vinci
[c] Lässt sich nicht erfinden

16 Welcher „Erfinder" gehört nicht zu den Ninja Turtles?

[a] Leonardo
[b] Michelangelo
[c] Giovanni

17 Welche Erfindung, die aus einem James Bond Film hätte entnommen sein können, wurde in Deutschland tatsächlich zum Patent angemeldet?

[a] Taschenuhr mit Pistole
[b] Brieftasche mit Mausefalle
[c] Brille mit Tränengasdüse

18 Welcher Erfinder, der heute eher mit Autoreifen in Verbindung gebracht wird, erfand 1855 das erste Kondom?

[a] Goodyear
[b] Bridgestone
[c] Hankook

19 Vor etwa wieviel Jahren wurde das erste Mal mit einem Bleistift geschrieben?

[a] Vor etwa 1 000 Jahren
[b] Vor etwa 2 000 Jahren
[c] Vor etwa 5 000 Jahren

20 Welches der folgenden Zitate stammt von Albert Einstein?

[a] „Die Erfindungen für Menschen werden unterdrückt, die Erfindungen gegen sie gefördert."
[b] „Zwei Dinge sind unendlich, das Universum und die menschliche Dummheit, aber bei dem Universum bin ich mir noch nicht ganz sicher."
[c] „Für den gläubigen Menschen steht Gott am Anfang, für den Wissenschaftler am Ende aller seiner Überlegungen."

21 Wann und wo wurde die Toilette mit Wasserspülung patentiert?

[a] 1720 in Frankreich
[b] 1775 in England
[c] 1831 in Deutschland

22 Was erfand Thomas Edison nicht?

[a] Telefon
[b] Glühlampe
[c] Telegraf

Erfinderquiz (Fortsetzung)

23 Fußball ist keine Erfindung der Engländer, dem sogenannten Mutterland des Fußballs. Wo wurde der Sport ursprünglich erfunden?
[a] Ägypten
[b] Persien
[c] China

24 Welche Erfindung führte zu einem Geburtenrückgang in den 1960er Jahren?
[a] Babypille
[b] Kondom
[c] Farbfernseher

25 Durch welche Erfindung ist die Reformation maßgeblich verbreitet worden?
[a] Den Buchdruck
[b] Das Zeitungswesen
[c] Die Papierherstellung

26 Nicht etwa in Italien ist die Nudel erfunden worden. Aus welchem Land stammt die Pasta ursprünglich?
[a] Indien
[b] Japan
[c] China

27 Wer sind die wahren Erfinder der Pommes frites?
[a] Die Holländer
[b] Die Belgier
[c] Die Franzosen

28 Was hat Hans Riegel erfunden?
[a] Haribo
[b] Mars
[c] M&Ms

29 Welche Erfindung wurde maßgeblich durch das Militär vorangetrieben?
[a] Airbag
[b] GPS
[c] SMS

30 Welche dieser medizinischen Wirkstoffe ist zufällig erfunden worden?
[a] Penicillin
[b] Aspirin
[c] Sulfonamid

31 In welchem Jahr wurde die erste Radiosendung übertragen?
[a] 1919
[b] 1895
[c] 1902

32 Stanley Morison entwickelte die heute weitverbreitete Schrift „Times New Roman". Welche Zeitung/Zeitschrift verhalf der Schrift zum Durchbruch?
[a] Time Magazin
[b] New York Times
[c] Die Zeit

33 Wie hieß der Erfinder des ersten Computers?
[a] Carl Zeiss
[b] Ernst Abbe
[c] Konrad Zuse

34 Auf welchen Erfinder geht der Ausspruch „Dem Ingenieur ist nichts zu schwör" zurück?
[a] Carl Benz
[b] Daniel Düsentrieb
[c] Rudolf Diesel

35 Welchen ehemaligen deutschen Bundeskanzler kennt man auch als raffinierten Erfinder?
[a] Konrad Adenauer
[b] Helmut Kohl
[c] Helmut Schmidt

36 Das Reinheitsgebot für Bier ist die erste bis heute gültige Lebensmittelvorschrift der Welt. Wann wurde es „erfunden"?

[a] 1742
[b] 1687
[c] 1516

37 Wie lautete der erste Satz, den Phillip Reis 1859 über 100 Meter telefonisch übermittelte?

[a] „Es gibt Reis, Baby."
[b] „Das Pferd frisst keinen Gurkensalat."
[c] „Kein Schwein ruft mich an."

38 Levi Strauss, der Erfinder der Jeans, stammte aus welchem Land?

[a] Schweiz
[b] Österreich
[c] Deutschland

39 Welche Erfindung stammt nicht von Werner von Siemens?

[a] die Straßenbahn
[b] der Dynamo
[c] das Motorrad

40 Josef Schmidt entwickelte Anfang des 20. Jahrhunderts ein Brettspiel weiter, das im Laufe der Zeit mehr als 70 Millionen Mal verkaufte wurde. Um welches Spiel handelt es sich?

[a] Mensch ärgere dich nicht
[b] Monopoly
[c] Dame

41 Das erste U-Boot tauchte bereits:

[a] 1515
[b] 1692
[c] 1620

42 Was meinte Kaiser Wilhelm II., als er vom „Glanzstück der Weimarer Republik" sprach?

[a] Kino
[b] Schallplattenspieler
[c] Gummibärchen

43 Adolf Rambold ist der Erfinder des Teebeutels (1929). Wie viele Teebeutel werden heute jährlich hergestellt?

[a] 100 Millionen
[b] 220 Milliarden
[c] 1 Billion

44 In Deutschland konnte sich der Transrapid nie durchsetzen. Die Erfindung des Prinzips der Magnetschwebebahn ist dennoch brilliant. Aus welchem Jahr stammt die Erfindung?

[a] 1934
[b] 1950
[c] 1912

45 Herta Heuwer „erfand" 1949 die Currywurst. Welche Stadt gilt daher als Geburtsort der Currywurst?

[a] West-Berlin
[b] Köln
[c] Stuttgart

46 Welche Erfindung machte Artur Fischer zum Millionär?

[a] Kettensäge
[b] Dübel
[c] Bohrmaschine

Erfinderquiz (Fortsetzung)

47 In welchem Jahr ist der Reißverschluss erfunden worden?
[a] 1857
[b] 1922
[c] 1890

48 Was war die Ursache, dass sich die Erfindung des Zeppelins in der Luftfahrt nicht durchsetzte?
[a] Die langen Flugzeiten
[b] Die Explosionsgefahr
[c] Der mangelnde Komfort

49 Wie viele Patentanmeldungen gingen 2012 in Deutschland ein?
[a] 257 744
[b] 89 867
[c] 567 555

50 Der Weihnachtsbaum ist eine deutsche Erfindung. Wann wurde der Weihnachtsbaum erstmals schriftlich erwähnt?
[a] 1419
[b] 1608
[c] 1767

Auflösung (Erfinderquiz)

1 a	11 c	21 b	31 a	41 b
2 c	12 a	22 a	32 b	42 c
3 b	13 a	23 c	33 c	43 b
4 b	14 b	24 a	34 b	44 a
5 a	15 c	25 a	35 a	45 a
6 b	16 c	26 c	36 c	46 b
7 b	17 a	27 b	37 b	47 c
8 c	18 a	28 a	38 c	48 b
9 a	19 c	29 b	39 c	49 a
10 a	20 b	30 a	40 a	50 a

Bibliografie und Links

Zum Thema „Kreativitätstechniken"

Holm-Hadulla, Rainer M.: Kreativität. Konzept und Lebensstil, Göttingen, 2007

Lehrer, Jonah: Imagine! Wie das kreative Gehirn funktioniert, C.H. Beck; 2014

Luther, Michael; Gründonner, Jutta: Königsweg Kreativität. Powertraining für kreatives Denken, Paderborn, 1998

Meyer, Jens-Uwe: Das Edison-Prinzip. Der genial einfache Weg zu erfolgreichen Ideen, Frankfurt/New York, 2008

Monzel, Monika: Kreatives Intermezzo. Das Workbook der Ideenfindung, Köln, 2012

Boos, Evelyn: Das große Buch der Kreativitätstechniken, 2009

Backerra, Hendrik; Malorny, Christian; Schwarz, Wolfgang: Kreativitätstechniken. Kreative Prozesse anstoßen, Innovationen fördern, 2007

Schlicksupp, Helmut: Ideenfindung, Würzburg 1981, überarbeitete Version: 2004

Kniess, Michael: Kreativitätstechniken. Methoden und Übungen, 2006

Erharter, Wolfgang A.: Kreativität gibt es nicht: Wie Sie geniale Ideen erarbeiten, 2012

Cassou, Michele und Bolam, Christine: Point Zero: Entfesselte Kreativität, 2012

Kleon, Austin und Hutsch, Patrick: Alles nur geklaut: 10 Wege zum kreativen Durchbruch, 2013

- http://kreativitätstechniken.info
- www.test.de/Kreativitaetstechnik-Seminare-im-Test-4533314–0

Zum Thema „Erfindertum"

Klemm, Peter: Ideen, Erfinder und Patente. Geschichten aus 100000 Jahren Technik, Berlin, 1969

Leprince-Ringuet, Louis: Die berühmten Erfinder, Physiker und Ingenieure, Köln, 1963

Wußing, Hans: Fachlexikon Forscher und Erfinder, Hamburg, 2005

Thieler, Wolfgang: Wegweiser für den Erfinder. Von der Aufgabe über die Idee zum Patent, 2007

Beck, Klaus: Idee! Patent? Erfolg?, 2000

Bibliografie und Links (Fortsetzung)

Bauer, Thomas: Der Westentaschenerfinder. Technische Spielereien aus Küchenschrank und Werkzeugkiste, 2007

Zobel, Dietmar: Systematisches Erfinden. Methoden und Beispiele für den Praktiker, 2009

Reppesgaard, Lars: Wild Economy. Durchstarter, die unsere Gesellschaft verändern, 2010

Hinkel, Holger H.; Elsner, Gerhard: Erfinden ist genial. So sprengen wir unsere Denkschablonen, 2012

Hoenisch, Nancy; Niggemeyer, Elisabeth: Hallo Kinder, seid Erfinder. Abenteuer mit dem Alltäglichen, 2001

Rapp, Alexander: Von der Idee zum Produkt für Dummies, 2010

Maggioni, Boris: Erfinder werden. Mit Köpfchen Geld verdienen, 2012

Schmitz, Alfried:
Die 50 bahnbrechendsten Erfindungen. Chronik und Bildband mit den wichtigsten Ideen und Patenten im Sinne von Daniel Düsentrieb, 2012

Thiele, Walter: Geld verdienen mit Erfindungen. Geheimtipps von Lachsack-Millionär Walter Thiele, 1995

Pengel, Armin: Erfolgreich Erfinden und Schützen leicht gemacht. Ein praktischer Leitfaden zum Deutschen Patentgesetz. Ein Regelwerk, wie Erfindungen systematisch erstellt werden können, 2000

Hanisch, Heino: Survival-Handbuch für Erfinder, Entwickler, Innovatoren. Tipps zur Vermeidung kapitaler Fehler!, 2013

Lay, Peter: Hüte dich vor mächtigen Menschen, denn sie wissen nicht, was sie tun! Der Leidensweg des Erfinders Emil Johannes Pfautsch, 2009

Zum Thema „Gescheiterte Erfinder"

Bürhke, Thomas: Genial gescheitert, München, 2012

Strohmeyr, Armin: Verkannte Pioniere: Abenteurer. Erfinder. Visionäre, Wien 2013

Gutberlet, Bernd Ingmar: Grandios gescheitert: Misslungene Projekte der Menschheitsgeschichte, Köln 2012

Patalong, Frank: Der viktorianische Vibrator: Törichte bis tödliche Erfindungen aus dem Zeitalter der Technik, Köln, 2012

Bauer, Reinhold: Gescheiterte Innovationen: Fehlschläge und technologischer Wandel, Frankfurt am Main, 2006

Zum Thema „Der Markt“

Albers, Willi und Zottmann, Anton: Handwörterbuch der Wirtschaftswissenschaft (HdWW), Göttingen, 1980

Reinhard Pirker: Märkte als Regulierungsformen sozialen Lebens. Metropolis Verlag, München 2004

Luhmann, Niklas: Der Markt als innere Umwelt des Wirtschaftssystems. In: Die Wirtschaft der Gesellschaft, Frankfurt a.M., 1988

Flynn, Sean Masaki und Engel, Reinhard: Wirtschaft für Dummies, 2012

Zum Thema „Zielgruppen“

Allgayer, F. und Kalka, J.: Zielgruppen – Wie sie leben, was sie kaufen, woran sie glauben. 2. Aufl., Landsberg am Lech 2007

Halfmann, Marion: Zielgruppen im Konsumentenmarketing: Segmentierungsansätze – Trends – Umsetzung, 2014

Dziemba, Oliver und Wenzel, Eike: Marketing, 2020: Die elf neuen Zielgruppen – wie sie leben, was sie kaufen, 2009

Petras, André und Bazil, Vazrik: Wie die Marke zur Zielgruppe kommt: Optimale Kundenansprache mit Semiometrie, 2007

Sawtschenko, Peter und Herden, Andreas, Rasierte Stachelbeeren: So werden Sie die Nr. 1 im Kopf Ihrer Zielgruppe, 2000

- www.fuer-gruender.de/wissen/existenz gruendung-planen/idee/zielgruppe
- www.handelswissen.de/data/themen/Marktpositionierung/Zielgruppe/Zielgruppenanalyse
- www.mittelstandswiki.de/wissen/Ziel gruppensegmentierung

Zum Thema „Erfindermessen“

- www.maker-world.de
- http://makerfairehannover.com
- www.iena.de/de/home.html
- www.erfindermesse-owl.de
- www.inventions-geneva.ch/cgi-bin/de-exposants.php
- http://make-munich.de

Bibliografie und Links (Fortsetzung)

Zum Thema „Marken- und Patentschutz"

Czekay, Hans-Friedrich: Der Schutzbereich des Patents nach deutschem und französischem Recht, München, 1986

Welte, Simon: Der Schutz von Pioniererfindungen, Köln, Berlin, Bonn, München, 1991

Kurz, Peter: Weltgeschichte des Erfindungsschutzes. Erfinder und Patente im Spiegel der Zeiten, Köln, München, 2000

Elster, Antonio: Deutscher Patentschutz für 40 Euro. Wie Ihre kleinen Ideen & Erfindungen großes Geld verdienen, Norderstedt, 2005

Kraßer, Rudolf: Patentrecht. Ein Lehr- und Handbuch zu deutschen Patent- und Gebrauchsmusterrecht, Europäischen und Internationalen Patentrecht, München, 2004

Henn, Steffen: Markenschutz und UWG, Baden-Baden, 2009

Lange, Paul; Ascensao, Jose de Oliveira: Internationales Handbuch des Marken- und Kennzeichenrechts, München, 2009

Käbisch, Verena: Markenschutz im Strafrecht. Die Rechtslage in Deutschland und den USA, Frankfurt am Main, 2006

- www.dpma.de/amt/index.html
- www.piznet.de
- http://worldwide.espacenet.com/?locale=de_EP
- www.uspto.gov

Zum Thema „Urheberrecht/Recht des geistigen Eigentums"

Beier, Nils: Die urheberrechtliche Schutzfrist. Eine historische, rechtsvergleichende und dogmatische Untersuchung der zeitlichen Begrenzung, ihrer Länge und ihrer Harmonisierung in der Europäischen Gemeinschaft, München, 2001

Ulmer, Eugen und Schricker, Gerhard (Hrsg.): International Encyclopedia of Comparative Law. Volume XIV: Copyright, Tübingen 2007

Depenheuer, Otto und Peifer, Klaus-Nikolaus (Hrsg.): Geistiges Eigentum: Schutzrecht oder Ausbeutungstitel? Zustand und Entwicklungen im Zeitalter von Digitalisierung und Globalisierung, Heidelberg, 2008

Wadle, Elmar: **Beiträge zur Geschichte des Urheberrechts.** Etappen auf einem langen Weg (Schriften zum Bürgerlichen Recht Band 425), Berlin, 2012

Hillig, Hans-Peter: **Urheber- und Verlagsrecht:** Urheberrechtsgesetz, Verlagsgesetz, Recht der urheberrechtlichen Verwertungsgesellschaften, Internationales Urheberrecht, 2013

Zum Thema „Marketing/Marketingstrategie"

Bernecker, Michael: **Marketing, Grundlagen – Strategien – Instrumente,** 2013

Hiam, Alexander: **Marketing für Dummies,** 2011

Kotler, Philip; Armstrong, Gary; Wong, Veronica und Saunders, John: **Grundlagen des Marketing,** Pearson Studium – Economic BWL, 2010

Meffert, Heribert; Burmann, Christoph und Kirchgeorg, Manfred: **Marketing: Grundlagen marktorientierter Unternehmensführung.** Konzepte – Instrumente – Praxisbeispiele, 2011

- www.existenz-gruendung.net/wissen/marketing-strategie/index.php

Zum Thema „Kostenmanagement"

Kremin-Buch, Beate: **Strategisches Kostenmanagement:** Grundlagen und Moderne Instrumente – Mit Fallstudien, 2012

Götze, Uwe: **Kostenrechnung und Kostenmanagement,** 2010

Jossé, Germann: **Basiswissen Kostenrechnung:** Kostenarten, Kostenstellen, Kostenträger, Kostenmanagement, 2011

Ehrlenspiel, Klaus; Kiewert, Alfons und Lindemann, Udo: **Kostengünstig Entwickeln und Konstruieren:** Kostenmanagement bei der integrierten Produktentwicklung, 2007

- www.controlling-wiki.com/de/index.php/Kostenmanagement
- www.daswirtschaftslexikon.com/d/kostenmanagement/kostenmanagement.htm

Zum Thema „Mockups, Prototypen und Rapid Prototyping"

Berger, Uwe; Hartmann, Andreas und Schmid, Dietmar: **Additive Fertigungsverfahren:** Rapid Prototyping, Rapid Tooling, Rapid Manufacturing, 2013

Rapp, Alexander: **Von der Idee zum Produkt für Dummies,** 2010

Bibliografie und Links (Fortsetzung)

Zum Thema „Lizenznehmer“

Steinebach, Marc: Vorstellung internationaler Markteintrittsstrategien. Export, Lizenzierung, Franchising, Joint Venture, Strategische Allianz und Tochtergesellschaft, 2007

Brändel, Katrin: Verrechnungspreise bei grenzüberschreitender Lizenzierung von Marken im Konzern, 2010

Zum Thema „Businessplan“

Axel Singler: Businessplan, Freiburg 2014 (zum Einstieg)

Philipp Willer: Businessplan und Markterfolg eines Geschäftskonzepts, Wiesbaden 2007

Lutz, Andreas; Bussler von Linde, Christian: Die Businessplan-Mappe, 2010

Zum Thema „Kooperationspartner und Geldgeber“

DeMicco, Luigi Carlo: Investoren finden und überzeugen: Wie man gute Ideen, Innovationen, Unternehmen und Wachstum finanziert, 2011

Lochmaier, Lothar: Die Bank sind wir: Chancen und Perspektiven von Social Banking, 2010

Zum Thema „Unternehmensgründung“

Vogelsang, Eva; Fink, Prof. Dr. Christian und Baumann, Matthias: Existenzgründung und Businessplan: Ein Leitfaden für erfolgreiche Start-ups, 2013

Sammet, Stefanie; Schwartz, Stefan: Existenzgründung für Dummies, 2011

Faltin, Günter: Kopf schlägt Kapital: Die ganz andere Art, ein Unternehmen zu gründen, 2012

Kollmann, Tobias (Hrsg.): Gabler Kompakt-Lexikon Unternehmensgründung, 2005

Adressen

Ämter, Verbände und öffentliche Einrichtungen

Deutsches Patent- und Markenamt (DPMA)
Zweibrückenstr. 12
80331 München
http://dpma.de

Europäische Patent-organisation (EPO)
Bob-van-Benthem-Platz 1
80469 München
www.epo.org

World Intellectual Property Organization (WIPO)
34, chemin des Colombettes
1211 Geneva 20
Schweiz
www.wipo.int/portal/en

Innovationsunion
EU-Büro des BMBF für das Forschungsrahmenprogramm
Projektträger im DLR
Heinrich-Konen-Str. 1
53227 Bonn
www.eubuero.de/era-monitoring.htm

Deutscher Erfinder-Verband e.V.
Sandstrasse 7
90443 Nürnberg
www.deutscher-erfinder-verband.de

Statistisches Material

Statistisches Bundesamt
Gustav-Stresemann-Ring 11, 65189 Wiesbaden
https://www.destatis.de

Europäisches Statistikamt eurostat
1049 Brüssel
http://epp.eurostat.ec.europa.eu

Statista GmbH – Das Statistik-Portal
Johannes-Brahms-Platz 1
20355 Hamburg
https://de.statista.com

Wirtschaftsforschungs-institute

DIW Berlin
Mohrenstraße 58
10117 Berlin
www.diw.de

CESifo GmbH
Münchener Gesellschaft zur Förderung der Wirtschaftswissenschaft
Poschingerstr. 5
81679 München
www.cesifo-group.de

Institut für Wirtschaftsforschung Halle (IWH)
Kleine Märkerstraße 8
06108 Halle (Saale)
www.iwh-halle.de

Rheinisch-Westfälisches Institut für Wirtschaftsforschung e.V. (RWI)
Hohenzollernstraße 1–3
45128 Essen
www.rwi-essen.de

Interviewpartner

Atelier für Ideen AG
Benno van Aerssen
Grafscherweg 56
47652 Weeze
www.ideenfindung.de

Erfinderhaus Patentvermarktungs GmbH
Gleimstr. 31
10437 Berlin
www.erfinderhaus.de

Adressen (Fortsetzung)

Humboldt-Innovation GmbH
Martin Mahn
Ziegelstraße 30
10117 Berlin – Mitte
www.humboldt-innovation.de/HumboldtInnovation_team_de.html

Hopp & Partner – Kommunikationsforschung
Mario Hopp
Torstraße 25
10119 Berlin
www.hopp-und-partner.de

Plagiarius Consultancy GmbH
Prof. Rido Busse
Nersinger Str. 18
89275 Elchingen
www.designpublisher.de

W/M/W Wolff-Marting & Wunderlich LLP
Sebastian Wolff-Marting / Diana Wunderlich
Rhinstraße 137a
10315 Berlin
www.wmwllp.de

Dr. Gregor Rinn
www.the-counsellor.de
AFAG Messen und Ausstellungen GmbH
iENA – Internationale Fachmesse „Ideen – Erfindungen – Neuheiten"
Henning Könicke
Messezentrum 1
90471 Nürnberg
www.iena.de

Erfindermessen

Rapid.Tech
Messe Erfurt GmbH
Gothaer Straße 34
99094 Erfurt
www.rapidtech.de

FabCon 3.D
Messe Erfurt GmbH
Gothaer Straße 34
99094 Erfurt
www.fabcon-germany.com

MARKER WORLD
Messe Friedrichshafen GmbH
Neue Messe 1
88046 Friedrichshafen
www.maker-world.de

Messe für Erfindungen
Rue du 31 – Décembre 8
1207 Genf / Schweiz
www.inventions-geneva.ch

iENA – Internationale Fachmesse „Ideen – Erfindungen – Neuheiten"
AFAG Messen und Ausstellungen GmbH
Messezentrum 1
90471 Nürnberg
www.iena.de

Maker Faire
Heise Zeitschriften Verlag GmbH & Co. KG
Karl-Wiechert-Allee 10
30625 Hannover
http://makerfairehannover.com

Make Munich
Make Germany GbR
Adolf-Hällmayr-Weg 24
85221 Dachau
http://make-munich.de

Verwerter

Munich Innovation Group GmbH
von-der-Tann-Straße 12
80539 München
www.munich-innovation.com

Erfinderhaus Patentvermarktungs GmbH
Gerhard Muthenthaler
Gleimstr. 31
10437 Berlin
www.erfinderhaus.de

Existenzgründung

Bundesministerium für Wirtschaft und Energie (BMWi)
Existenzgründerportal / Expertenforum
Scharnhorststr. 34–37
10115 Berlin
www.existenzgruender.de

Deutscher Industrie- und Handelskammertag e.V.
IHK-Gründungsberatung
Breite Straße 29
10178 Berlin
www.dihk.de/ihk-finder

Wolters Kluwer Deutschland GmbH
Startothek
Luxemburger Straße 449
50939 Köln
www.startothek.de

KfW Bankengruppe
Beraterbörse
Charlottenstraße 33/33a
10117 Berlin
https://beraterboerse.kfw.de

Gründerzentren

ADT-Bundesverband Deutscher Innovations-, Technologie- und Gründerzentren e.V.
Jägerstrasse 67
10117 Berlin
www.adt-online.de

Business Angels

Business Angels Netzwerk Deutschland e.V. (BAND)
Semperstraße 51
45138 Essen
www.business-angels.de

Finanzierung

Bundesverband Deutscher Kapitalbeteiligungsgesellschaften (BVK)
Reinhardtstraße 29b
10117 Berlin
www.bvkap.de

Deutsches Mikrofinanz Institut e.V.
Lietzenburger Str. 94
10719 Berlin
www.mikrofinanz.net

Bundesministerium für Wirtschaft und Energie (BMWi) – EXIST
Scharnhorststraße 34–37
10115 Berlin
www.exist.de/exist-gruenderstipendium/index.php

siehe hier auch die diversen Anbieter von Mikro-Krediten oder Crowdsourcing-Angeboten (bspw. www.startnext.de)

Quellen

1 Bauer, R.: Gescheiterte Innovationen. Fehlschläge und technologischer Wandel, Frankfurt/Main: 2006, S. 10

2 Bathelt, H. & J. Glückler: Wirtschaftsgeographie, Stuttgart: 2003

3 Fraunhofer Institut System- und Innovationsforschung (Hg.), Innovation in KMU – Der ganzheitliche Innovationsansatz und die Bedeutung von Innovationsroutinen für den Innovationsprozess, Karlsruhe: 2006

4 „Wie aus guten Ideen Unternehmenserfolg wird" (Zeit-online: 10.4.2012)

5 (Quelle: http://de.statista.com/statistik/daten/studie/258128/umfrage/anzahl-der-patentanmeldungen-in-deutschland-nach-unternehmen/)

6 Bauer, R., Frankfurt/Main: 2006. Steven Kotler: Einstein at the Beach, The Hidden Relationship Between Risk and Creativity, Online: www.forbes.com/sites/stevenkotler/2012/10/11/einstein-at-the-beach-the-hidden-relationship-between-risk-and-creativity/ (22.05.2014)

7 Dazu weiterführend: Homburg, Christian; Krohmer, Harley: Marketingmanagement: Strategie, Instrumente, Umsetzung, Unternehmensführung, Wiesbaden: 2009, S. 4

8 Mehr zur Geschichte Antonio di Levas unter: www.sandromattioli.de/component/content/article/45-lieblingstexte-kategorie/192-antonino-di-leva Zugriff: 31.03.2014

9 Wer mehr über die Erfolgsstory des Silicon Valley erfahren möchte, kann sich über die Seite der Bundeszentrale für politische Bildung informieren: www.bpb.de/internationales/amerika/usa/10684/erfolgsstory-silicon-valley?p=all (Zugriff: 31.03.2014)

10 Kerka, Friedrich; Kriegesmann, Bernd: Innovationsmanagement Teil 2: Den Aufbruch zum Neuen gestalten, in: Deutscher Erfinder-Verband (Hg.), Innovations-Forum. Das Magazin für Ideenfindung und Produktentwicklung (01/2012), S.10–14

11 Mehr zu Antonio Meucci in: Patalong, F.: Der viktorianische Vibrator. Törichte bis tödliche Erfindungen aus dem Zeitalter der Technik, Lübbe 2012. Und unter: www.spiegel.de/netzwelt/gadgets/antonio-meucci-der-vergessene-telefon-erfinder-a-853775.html

12 Die Zahlen basieren auf einer Studie der Business Software Allianz für das Jahr 2010. Weitere Infos: www.focus.de/digital/computer/63-milliarden-dollar-umsatzverlust-software-piraterie-nimmt-weltweit-weiter-zu_aid_752881.html.

13 Gesetz gegen den unlauteren Wettbewerb. Der gesamte Gesetzestext ist online abrufbar: www.gesetze-im-internet.de/uwg_2004/index.html

14 Zum Umgang mit dem Urheberrecht im Alltag bietet die Bundeszentrale für politische Bildung eine Handreichung an: www.bpb.de/system/files/pdf/0GKFWO.pdf

15 www.dpma.de/marke/index.html, 27.5.14

16 Die Internetpräsenz des DPMA bietet sowohl eine schnelle Übersicht der Kosten als auch ein ausführliches Kostenmerkblatt. www.deutsches-patentamt.de/patent/gebuehren/index.html

17 Die Informationsbroschüre des DPMA bietet einen guten Überblick zu Bedingungen, Ablauf und Kosten einer Patentierung in Deutschland: www.dpma.de/docs/service/veroeffentlichungen/broschueren/patente_dt.pdf

18 Eine ausführliche Darstellung aller Kosten bietet die Webseite des EPA. www.epoline.org/portal/portal/default/epoline.Scheduleoffees

19 Laut der Studie „Ursachen für das Scheitern junger Unternehmen in den ersten fünf Jahren ihres Bestehens" des Bundesministeriums für Wirtschaft und Technologie liegt eine Hauptursache in einer unzureichenden Startfinanzierung, die sich aus einem unzureichenden Businessplan ergibt. ftp://ftp.zew.de/pub/zew-docs/gutachten/Scheitern_junger_Unternehmen_2010.pdf (24.05.2014)

20 Eine gute Übersicht dazu bietet die Handreichung des Bundesministeriums für Wirtschaft und Technologie „Was gehört in Ihren Businessplan? Abrufbar unter: www.existenzgruender.de/imperia/md/content/pdf/publikationen/uebersichten/businessplan/02_uebersicht.pdf (24.05.2014)

21 Vgl. Handbuch zur Businessplan-Erstellung, Handreichung der netzwerk-nordbayern gmbh, www.netzwerk-nordbayern.de/home/info/downloads/arbeitshilfen-und-vorlagen/ (24.05.2014)

22 www.fuer-gruender.de/beratung/links-und -adressen/gruenderzentren (24.05.2014)

Register

Register (Fortsetzung)

Register (Fortsetzung)

W

Z

IMPRESSUM

Stiftung Warentest
Lützowplatz 11–13
10785 Berlin
Telefon 0 30/26 31–0
Fax 0 30/26 31–25 25
www.test.de
email@stiftung-warentest.de

USt.-IdNr.: DE136725570

Vorstand: Hubertus Primus
Weitere Mitglieder der Geschäftsleitung:
Dr. Holger Brackemann, Daniel Gläser

Programmleitung: Niclas Dewitz

Autor: Dr. Alexander Schug
Projektleitung/Lektorat: Uwe Meilahn
Korrektorat: Karsten Treber, Berlin

Titelentwurf: Axel Raidt, Berlin
Layout: Sylvia Heisler, Pauline Schimmelpenninck Büro für Gestaltung, Berlin
Bildredaktion: Sylvia Heisler
Bildnachweis: Fotolia (S. 6, 72, 123, 124, 134, 135, 147); shutterstock (S. 6, 8, 17, 74, 99, 121, 159, 163); thinkstock (S. 6, 48, 114, 146, 150); avenue-images (S. 21, 35, 45, 50, 63, 97, 145); getty-Images (S. 11, 43, 140); istock (S. 26, 28, 52, 65, 78, 129, 138, 153, 155, 161, 166); Interfoto (S. 19); Pixelio (S. 18); wikipedia (S. 34); wikipedia/cc (S. 12, 16); wikipedia/cc/www.kremlin.ru (S. 54); wikimedia commons/cc/SRI international (S. 89); dpa Picture-Alliance (S. 39, 64, 67, 81, 117, 118); DUSarchitects (S. 93); FKM Sintertechnik GmbH (S. 91, 94); Fraunhofer IDMT (S. 96); Iena-Messe Nürnberg (S. 103, 104, 105); projektmagazin.de (S. 82); Erfinderhaus Patentvermarktungs GmbH (S. 111); Germin/Süddeutsche Zeitung Photo (S. 116); Stephanie Leisten (S. 75, 100).

Produktion: Sylvia Heisler, Vera Göring
Verlagsherstellung: Rita Brosius (Ltg.), Susanne Beeh
Litho: Sylvia Heisler; tiff.any, Berlin
Druck: AZ Druck und Datentechnik GmbH, Berlin/Kempten

ISBN: 978-3-86851-408-7